V.S 教你织时尚毛衣

王月芹 主编 张翠策划

辽宁科学技术出版社
·沈阳·

U0345267

主　　编:王月芹

编组成员:张　翠　刘晓瑞　田伶俐　张燕华　吴晓丽　李　俐　张　霞　陈梓敏　陈小春　李　俊　任　俊　孙　强
风之花　蓝云海　汝果是　南　宫　欢乐梅　一片云　花狍子　张京运　逸　瑶　小　凡　梦　京　莺飞草
指花开　林宝贝　宝贝飞　清爽指　大眼睛　江城子　忘忧草　色女人　水中花　蓝　溪　小　草　小　乔
陈红艳　冰珊瑚　KFC猫　杨素娟　袁相荣　徐君君　黄燕莉　卢学英　赵悦霞　周艳凯　刘金萍　谭延莉
朵朵妈妈　幸福云朵　紫色白狐　雅虎编织　蝴蝶效应　天外飞雪　风吹云动　天边云彩　如意之鸟
冷冷的冰雨　爱我不罗嗦　eleven0911　linlihong002　Missright　audryzz

图书在版编目（CIP）数据

V.S教你织时尚毛衣/王月芹主编.—沈阳：辽宁科学
技术出版社，2012.6
ISBN 978－7－5381－7487－8

Ⅰ.①V … Ⅱ.①王 … Ⅲ.①女服 — 毛衣 — 编织 — 图
集　Ⅳ.①TS941.763.2—64

中国版本图书馆CIP数据核字（2012）第093943号

出版发行：辽宁科学技术出版社
　　　　　（地址：沈阳市和平区十一纬路29号　邮编：110003）
印　刷　者：深圳市新视线印务有限公司
经　销　者：各地新华书店
幅面尺寸：210mm×285mm
印　　张：12
字　　数：100千字
印　　数：1~10000
出版时间：2012年6月第1版
印刷时间：2012年6月第1次印刷
责任编辑：赵敏超
封面设计：幸琦琪
版式设计：张　翠
责任校对：李淑敏

书　　号：ISBN 978－7－5381－7487－8
定　　价：39.80元

联系电话：024－23284367
邮购热线：024－23284502
E-mail：473074036@qq.com
http://www.lnkj.com.cn
本书网址：www.lnkj.cn/uri.sh/7487
敬告读者：
本书采用兆信电码电话防伪系统，书后贴有防伪标签，全国统一防伪查询电
话16840315或8008907799（辽宁省内）

目录 CONTENTS

制作方法
P81

创意蝙蝠衫

整件衣服的花纹像挂满果实的藤蔓，侧开的
大翻领口非常有创意，蝙蝠衫有修饰身材的
效果，适合各种体型的美眉。

制作方法
P82~83

甜美系带连衣裙

嫩嫩的粉粉的颜色，让你如花般娇柔，荷叶领增添小女人的柔情，系带的装饰修饰腰身，裙摆镂空的花样，清爽宜人。

------------------- Tips -------------------

适合线材：棉线、绒线、蚕丝蛋白绒
线材选购：http://35934919.taobao.com

- Tips -

适合线材：棉线、绒线、蚕丝蛋白绒
线材选购：http://35934919.taobao.com

制作方法
P83~84

柔美紫色小开衫

大大的圆领微露性感锁骨，胸前蝴蝶结的系带增添一丝
可爱，搭配吊带和短裙，做一个娇俏的可爱女人。

制作方法
P85~86

成熟圆领套头衫

紫红色是属于成熟女人的风情，大大的圆领露出雪白
的肌肤，精致的花纹若隐若现，含蓄而性感。

-------------------------- Tips --------------------------

适合线材：棉线、绒线、蚕丝蛋白绒
线材选购：http://35934919.taobao.com

端庄V领短袖衫

制作方法
P87~88

衣服细腻而有质感，竖条纹的花样，起到很好的修饰效果，小V领显得大方端庄，适合年龄稍大的美眉，搭配及膝裙或是长裤都可以。

------------- Tips -------------

适合线材：棉线、绒线、蚕丝蛋白绒
线材选购：http://35934919.taobao.com

阳光修身套头衫

制作方法 P88~89

橘色非常阳光，衬托出好的气色，菱形花简单别致，上下针
分割出来的腰线饰以木质的方块，很有质感，穿上它做一个
阳光美人吧。

Tips

适合线材：棉线、绒线、蚕丝蛋白绒
线材选购：http://35934919.taobao.com

- Tips -

适合线材：棉线、绒线、蚕丝蛋白绒
线材选购：http://35934919.taobao.com

制作方法
P90~91

淑女风长款开衫

素净的白，轻盈唯美，花边领，喇叭袖，无不展示着一种淑女
的气质，敞开穿，或者配一条浅色的腰带，都有迷人风情。

Tips

适合线材：棉线、绒线、蚕丝蛋白绒
线材选购：http://35934919.taobao.com

制作方法
P92

V领套头衫

紫红色是成熟的风情，时间渐渐抹去了少女的风华，岁月
爬上眼角眉梢，但是时间同样沉淀下一些东西，成熟的女
人眼角眉梢都是风情。

制作方法
P93

时尚小斗篷

明黄色亮丽抢眼，中袖的斗篷配上长筒的手套，时尚指数立增，在乍暖还寒的季节里，扮靓与保暖就靠它了。

-------------------------------- Tips --------------------------------

适合线材：棉线、绒线、蚕丝蛋白绒
线材选购：http://35934919.taobao.com

制作方法
P04~05

蓝色娃娃装

圆领恰到好处露出你性感的锁骨，胸前略开的小V领非常

有创意，配上一排亮扣闪亮夺目，高腰的款式，显得衣

身有一种蓬松感，是时下流行的娃娃装。

······· Tips ·······

适合线材：棉线、绒线、蚕丝蛋白绒
线材选购：http://35934919.taobao.com

制作方法
P96

清新短袖衫

嫩嫩的绿如雨后初叶，清新而具有生命活力，前后大开的
领子夏日穿着非常舒适，配上黄色碎花裙，青春逼人。

制作方法
P97

亚麻色流苏披肩

亚麻色的披肩非常大气，不规则的设计加上
流苏，让你充满异域风情，波西米亚风是越
吹越盛，你也赶紧入手一件吧。

·Tips·

适合线材：棉线、绒线、蚕丝蛋白绒

线材选购：http://35934919.taobao.com

制作方法
P98~99

简洁鹅黄色套头衫

鹅黄色非常衬皮肤，适合肤色白皙的美眉，简
单的花样，基础的中长款，是冬天打底的好选
择，单穿也很美哦。

· *Tips* ·

适合线材：棉线、绒线、蚕丝蛋白绒
线材选购：http://35934919.taobao.com

制作方法
P100~101

风情玫红色开衫

玫红色艳而不俗，亮而不腻，风情万种，魅惑动
人，精致的花样遍布全身，超薄的款式非常适合夏
天的空调一族们。

-------------------------------- ·Tips· --------------------------------

适合线材：棉线、绒线、蚕丝蛋白绒

线材选购：http://35934919.taobao.com

制作方法
P102

俏丽短袖衫

粉蓝色清丽素雅，一字领描绘肩部完美线条，袖口
采用层叠的花边俏丽迷人，又能对手臂起到很好的
修饰效果，是很有用心的小设计哦。

制作方法
P103

休闲小背心

宽松的背心非常休闲，镂空的花样适合夏天炎
热的天气，配上抹胸或者吊带，休闲又舒适，
是户外休闲的好选择哦。

------------ ·Tips· ------------
适合线材：棉线、绒线、蚕丝蛋白绒
线材选购：http://35934919.taobao.com

制作方法
P104

可爱小披肩

豆沙红色线，亮亮闪闪的感觉，精致可爱的披肩款
式，搭配吊带或者抹胸裙都非常漂亮，中袖又起到修
饰手臂的作用，有点婴儿肥的美眉穿上会很可爱哦。

‧‧‧‧‧‧‧‧‧‧‧‧‧‧‧‧‧‧‧‧‧‧‧‧Tips‧‧‧‧‧‧‧‧‧‧‧‧‧‧‧‧
适合线材：棉线、绒线、蚕丝蛋白绒
线材选购：http://35934919.taobao.com

························· ·Tips· ·········
适合线材：棉线、绒线、蚕丝蛋白绒
线材选购：http://35934919.taobao.com

制作方法
P105~106

秀丽连帽开衫

菱形的花纹和藤蔓般的花样使整件衣服充满灵
动的跳跃感，连帽的设计带着几许轻松活泼，
绿色的衣服清秀宜人。

制作方法
P106~107

艳丽大红色开衫

红色喜庆娇艳，衬得你面色红润，明艳照人，圆
领的设计年龄稍大的美眉也可以尝试，恰逢本命
年的你可是最好的选择哦。

---------------- ·Tips· ----------------

适合线材：棉线、绒线、蚕丝蛋白绒
线材选购：http://35934919.taobao.com

············ Tips ············
适合线材：棉线、绒线、蚕丝蛋白绒
线材选购：http://35934919.taobao.com

制作方法
P108

性感背心裙

鹅黄色娇嫩，如同夏日满湖的莲花里包藏着的
花蕊，楚楚动人，深V的领口非常性感，清凉的
款式适合夏天穿着。

制作方法
P109

气质长款开衫

略显暗淡的蓝色，突显出你沉静内敛的气质，精致的花
纹流畅的线条，是一种典雅生活的格调，搭配浅色的衣
服非常有气质。

----------------------------- Tips -----------------

适合线材：棉线、绒线、蚕丝蛋白绒
线材选购：http://35934919.taobao.com

·Tips·

适合线材：棉线、绒线、蚕丝蛋白绒
线材选购：http://35934919.taobao.com

制作方法
P110~111

大翻领开衫

大翻领的开衫毛衣简单成熟，适合成熟的美
眉，衣襟花样简单精致，为整件衣服增色不
少，贴心的斜口袋设计很暖心哦。

制作方法
P112

简单黑色短袖衫

纯黑色的短袖衫非常适合打底，配上一款薄薄的
针织衫搭配裙子或者裤子都很有型，下摆和袖子
的花纹增添女人味。

Tips

棉线、绒线、蚕丝蛋白线

线……购：http://35934919.taobao.

制作方法
P113~114

紫色系带背心

深紫色成熟妖媚，背心的款式适合夏天穿着，
柔软的质地，让你整个人的气质顿生，领口的
系带可以打个蝴蝶结，柔媚动人哦。

- Tips - - - - - - - - - - - - -

适合线材：棉线、绒线、蚕丝蛋白绒
线材选购：http://35934919.taobao.com

制作方法
P114

黑色休闲衫

短款的黑色中袖毛衣，宽松休闲，是春末秋初的
百搭单品，搭配时尚短裙或者运动系的裙子都各
有风味。

Tips

适合线材：棉线、绒线、蚕丝蛋白绒
线材选购：http://35934919.taobao.com

制作方法
P115~116

无媚连衣裙

朱砂红色连衣裙，不似大红色抢眼般的
艳丽，却有一种沉静内敛的风情，配上
一条宽的黑色腰带，修饰腰身，你款款
而来，举手投足间风情万种。

秀雅圆领针织衫

制作方法
P117~118

薄薄的针织衫，轻盈舒适，可以敞开来当小外套，也
可以系上扣子当一件中袖的上衣，搭配百褶裙或者短
裙，都很时尚。

------------------------- *Tips* -------------------------

适合线材：棉线、绒线、蚕丝蛋白绒

线材选购：http://35934919.taobao.com

制作方法
P118~119

知性蓝色长款开衫

柔软舒适的质地，优雅娴静的颜色，散发着一种知性气
质，腰间的花纹又起到很好的修身效果，穿上它你的知
性之美展露无遗。

制作方法
P120

修身小背心

黑色描绘领口、袖口和腰线，非常别致，背心款
清凉舒适，适合炎热的天气，搭配短裤和休闲
鞋，去散步吧。

---------------- Tips ----------------

适合线材：棉线、绒线、蚕丝蛋白绒
线材选购：http://35934919.taobao.com

精致紫色外套

制作方法
P121~122

紫色成熟又有风情，衣身简洁的花样显得精致典雅，领口饰以
花边显得女人味十足，让你由内而外地美丽。

······ Tips ······

适合线材：棉线、绒线、蚕丝蛋白绒

线材选购：http://35934919.taobao.com

Tips

适合线材：棉线、绒线、蚕丝蛋白绒
线材选购：http://35934919.taobao.com

制作方法
P122~123

典雅小外套

深蓝色有种成熟稳重的优雅，衣身花样精致但不做作，有一种含蓄隽永的美，腰部用细密的花纹钩了腰线很有新意。

------------------------------- Tips -------------------------------

适合线材：棉线、绒线、蚕丝蛋白绒

线材选购：http://35934919.taobao.com

制作方法
P124

清凉活力装

简约而修身的夏季款式，配上清凉的浅绿
色，让人心旷神怡，充满活力，搭配短裙或
者短裤都非常好看，这个夏天不会太热哦。

制作方法
P125

玫红OL风小外套

玫红色衬出你的好气色，作为对着电脑的上班一族，这款玫红色的干练小外套会为你加分哦。前后不一样的花纹，让你更有惊喜。

---------------------------------- -Tips- ----------------------------------

适合线材：棉线、绒线、蚕丝蛋白绒
线材选购：http://35934919.taobao.com

········ Tips ········

适合线材：棉线、绒线、蚕丝蛋白绒
线材选购：http://35934919.taobao.com

制作方法
P126~127

简约绿色打底衫

简约的款式，简单的花纹，一如你简单的性格，不做
作，不矫揉，简单就是快乐，别出心裁地在领口处开一
个小V领，让你单穿也不失个性哦。

特色翻领针织衫

带扣子的翻领非常时尚，整件衣服看起来像一个小斗篷，袖子略带蝙蝠袖，修饰胳膊，棕色百搭时尚，搭配一件稍长点的抹胸或小吊带，很有型哦。

制作方法
P128~130

-------------------------------- *Tips* --------------------------------

适合线材：棉线、绒线、蚕丝蛋白绒
线材选购：http://35934919.taobao.com

Tips
适合线材：棉线、绒线、蚕丝蛋白绒
线材选购：http://35934919.taobao.com

制作方法
P131~132

卫衣款针织衫

别具匠心地将针织衫设计成卫衣的款式，休闲舒
适，而且非常时尚，领口帽子上的两个绒球可爱充
满活力，喜欢卫衣的美眉赶紧动手吧。

····· · *Tips* · ·····
适合线材：棉线、绒线、蚕丝蛋白绒
线材选购：http://35934919.taobao.com

制作方法
P133~134

条纹修身连衣裙

轻薄柔软的针织衫穿着非常舒适，贴身的款式勾勒出你的
完美曲线，下半身的条纹可是近年来的时尚大热元素哦。

制作方法
P134~135

精致套头衫

砖红色比较成熟稳重，适合年龄稍大的美眉，
领口装饰的荷叶花边以及微喇的袖口，无不彰
显着一种精致的女人味。

制作方法
P136~137

复古连衣裙

腰部精致的花纹勾勒腰身，显得纤腰款款，大大的飘逸的裙摆充满了复古的风情，高领的设计又起到保暖作用，你姗姗而来，仿佛中世纪的公主。

---------- Tips ----------

适合线材：棉线、绒线、蚕丝蛋白绒
线材选购：http://35934919.taobao.com

制作方法
P138~139

可爱短袖衫

毛绒绒的质地，非常可爱，短装的款式适合可
爱娇小的美眉，一排亮扣的装饰以及腰部白色
的花纹为整件衣服增色不少。

·Tips·

适合线材：棉线、绒线、蚕丝蛋白绒
线材选购：http://35934919.taobao.com

迷人淑女装

制作方法
P139~140

豆沙红如同少女般娇嫩，高腰的设计可以拉高腰线
修饰身材比例，衣摆波浪形的花纹给人以层层叠叠
的蕾丝效果，如同置身于万顷荷塘之中。

------------------------- Tips -------------------------

适合线材：棉线、绒线、蚕丝蛋白绒
线材选购：http://35934919.taobao.com

制作方法
P141~144

红色娃娃装

大红色非常亮丽喜庆，蓬松的娃娃装的款式
为你减龄哦，搭配黑色小吊带或者抹胸，配
上短裤和靴子，你就是可爱小精灵哦。

Tips

适合线材：棉线、绒线、蚕丝蛋白绒
线材选购：http://35934919.taobao.com

制作方法
P145~146

雅致圆领针织衫

衣服的主色是灰色，百搭时尚，精致的花样以及
衣摆和袖口蕾丝样的花边，让这件衣服更显女人
味，白色装饰衣边，又如少女般娇嫩，是一件减
龄的好装备哦。

制作方法
D147

深V领小背心

夏天非常适合穿白色，清爽舒适，深V的领口相当性感，单穿你就是性感女郎，配上黑色的抹胸又显得可爱精灵，巨变由你选择。

- - - - - - - - - - - - - - - - - Tips - - - - - - - -
适合线材：棉线、绒线、蚕丝蛋白绒
线材选购：http://35934919.taobao.com

- Tips -

适合线材：棉线、绒线、蚕丝蛋白绒
线材选购：http://35934919.taobao.com

制作方法
P148

白色短款小背心

短款的白色小背心，宽松舒适，搭配基础款的背心或吊
带休闲时尚，搭配长款的紧身吊带裙又有不一样的迷人
风情。

------------------------- *Tips* -------------------------

适合线材：棉线、绒线、蚕丝蛋白绒

线材选购：http://35934919.taobao.com

制作方法
P149~150

简洁大红小坎肩

简单的花样，简洁的款式，大红色的坎肩很百
搭，夏天看多了繁花似锦，可以适当选择一些
简单的款式，会让你感到轻松愉悦。

制作方法
P150~151

镂空套头衫

周身镂空的花样简单但不平凡，一如女人，你可以
样貌普通，你可以智商平平，但是你不可以平凡，
不能淹没于众生。

绿色翻领小外套

制作方法
P152~153

墨绿色是夏末的色彩，浓重的绿荫，代表生命
的积蓄，厚重成熟，翻领的短袖小外套，搭配
黑色吊带、牛仔裤，非常时尚。

-------------- Tips --------------
适合线材：棉线、绒线、蚕丝蛋白绒
线材选购：http://35934919.taobao.com

韩版系带装

以系带拉高腰线，营造蓬松的下摆，竖条扭叶纹的
花漂亮又修身，整件衣服显得非常可爱，搭配成熟
的紫色，是大龄美眉扮嫩的好装扮哦。

制作方法
P154~155

·········· Tips ··········
适合线材：棉线、绒线、蚕丝蛋白绒
线材选购：http://35934919.taobao.com

------------------------------ Tips ------------------------------

适合线材：棉线、绒线、蚕丝蛋白绒

线材选购：http://35934919.taobao.com

制作方法
P156~157

深蓝色套装

上身是仿小西装的款式，漂亮的翻领和圆角，使整
件衣服很上档次，下身是一件简单的同色系短裤，
整套穿起来非常别致，单穿上装也很时尚哦。

制作方法
P158~159

显瘦黑色长背心

镂空的花纹使黑色不会显得那么沉闷，中长的背心款
很显瘦，也很百搭，配上短裤或者短裙，都很漂亮。

- - - - - - - - - - - - - - - - - - Tips - - - - - - - - - - - - - - - -
适合线材：棉线、绒线、蚕丝蛋白绒
线材选购：http://35934919.taobao.com

制作方法
P159~160

绚丽背心裙

又是一个背心款的衣服，细腻的质地，柔软舒适，适合夏
天贴身穿着，罗纹收紧的腰线，修饰腰身，配色的衣身非
常绚丽，搭配短裤或者短裙都很美。

------ Tips ------

适合线材：棉线、绒线、蚕丝蛋白绒
线材选购：http://35934919.taobao.com

橘色圆领针织衫

制作方法
P100~101

橘色总是让人忍不住亲近，充满亲切感，基础的圆领短袖衫非常百搭，精致的花纹，使整件衣服简单而不普通，就像简单却独特的你。

············· Tips ·············

适合线材：棉线、绒线、蚕丝蛋白绒
线材选购：http://35934919.taobao.com

清纯白色外套

制作方法
P162~163

翻领使得衣襟非常飘逸，花样简单却让整件衣服
更有一种清纯脱俗的气质，夏日一片繁花当中，
做一个卓然世外的女子。

········· Tips ·········

适合线材：棉线、绒线、蚕丝蛋白绒
线材选购：http://35934919.taobao.com

制作方法
P163~164

魅惑大红色针织衫

红色鲜艳如血，适合皮肤白皙的女子，在阳光

下，血一样的红衬托着如瓷的肌肤，有一种诡

异魅惑的感觉，谁能移开视线呢？

---------------- *Tips* ----------------

适合线材：棉线、绒线、蚕丝蛋白绒

线材选购：http://35934919.taobao.com

制作方法
P165~166

温暖带帽连衣裙

黑色的连衣裙，非常温暖，秋天微凉的风中即可以御寒又不失时尚感，背后的帽子增添几分活泼，打破了黑色的沉重，斜口袋的设计很贴心哦。

- Tips -

适合线材：棉线、绒线、蚕丝蛋白绒
线材选购：http://35934919.taobao.com

制作方法
P167

别致粉色针织衫

粉色显得青春，V领则有一点小性感，配上黑色的抹胸，带
来一种青春活泼的感觉，背后用系带装饰的V领非常别致。

------------- Tips ----------

适合线材：棉线、绒线、蚕丝蛋白绒
线材选购：http://35934919.taobao.com

制作方法
P168

舒适短袖衫

简洁的花样以及舒适贴身的短袖款式，配
上清新的天蓝色，让人心旷神怡，其实简
单就是美，舒适就是一种格调。

- - - - - - - - - - - - - - - - *Tips* - - - - - - - - - - - - - - - -

适合线材：棉线、绒线、蚕丝蛋白绒
线材选购：http://35934919.taobao.com

宽松大V领针织衫

制作方法
P169~170

大大的v领，露出性感迷人的锁骨，整件衣服宽松舒适，适合休闲时穿着，几丝慵懒，几丝性感，魅力无处不在。

------------------------- Tips -------------------------
适合线材：棉线、绒线、蚕丝蛋白绒
线材选购：http://35934919.taobao.com

清新波浪纹针织衫

清新的颜色让人在炎热的夏天忍不住想去亲
近，肩部绑带的设计使袖口略微耸起，能很好
地修饰手臂，衣摆宽松飘逸，清新宜人。

制作方法
P170~171

------------------- *Tips* -------------------

适合线材：棉线、绒线、蚕丝蛋白绒
线材选购：http://35934919.taobao.com

制作方法
P172~173

军绿色时装裙

军绿色是今年的潮流色哦，经典耐
看，肩部的设计充满时装的立体
感，系带很好地修饰了腰身，适合
各类体型的美眉哦。

纯情圆领针织衫

制作方法
P173~174

一直觉得这样娇嫩的黄色是属于少女的色彩，纯情娇艳，像夏天粉荷里的花蕊般轻盈动人，女孩可以笑得毫无杂质，这是青春赋予的权力。

-------------------------- ·Tips· --------------------------

适合线材：棉线、绒线、蚕丝蛋白绒

线材选购：http://35934919.taobao.com

•Tips•
适合线材：棉线、绒线、蚕丝蛋白绒
线材选购：http://35934919.taobao.com

制作方法
P175

清爽V领小外套

天蓝色总是让人想到雨后初晴的蓝天，
清爽、干净、通透，V领小外套适合长期
坐在空调环境中的美眉哦。

制作方法
P176~1

帅气短装小外套

深紫色比较稳重，帅气的短装款式，让你显得精神干练，谁说女子不如男呢?自古以来都是女子不让须眉，你也可以是办公室女王。

········Tips········

适合线材：棉线、绒线、蚕丝蛋白绒
线材选购：http://35934919.taobao.com

可爱背心裙

制作方法
P177~178

无袖的背心款很清凉，宽松的下摆如裙子一般蓬松的感觉，衣侧的小口袋更显可爱，女人因为可爱而美丽，女人不要以为可爱是女孩的专利哦。

-------------------------- Tips --------------------------
适合线材：棉线、绒线、蚕丝蛋白绒
线材选购：http://35934919.taobao.com

制作方法
P179~180

沉静紫色连衣裙

深紫色内敛沉静，宽松的款式适合居家休闲，衣身口袋的
设计很贴心，饭后阳光正好，微风舒适，和朋友一起去享
受一个轻松的傍晚吧。

制作方法
P180~181

休闲针织连衣裙

灰色百搭时尚，宽松的款式非常休闲，轻薄柔
软的质地，穿着非常舒适，系带分割腰线，各
类体型的美眉都可以尝试哦。

Tips

适合线材：棉线、绒线、蚕丝蛋白绒
线材选购：http://35934919.taobao.com

明艳系带开衫

制作方法
P182

娇艳明丽的黄色，如春天的阳光，散发着一种柔和
温暖的光芒，系带的设计修饰腰身，无袖的长款针
织衫非常适合春末的天气。

-------------------- *Tips* --------------------

适合线材：棉线、绒线、蚕丝蛋白绒
线材选购：http://35934919.taobao.com

·Tips·
适合线材：棉线、绒线、蚕丝蛋白绒
线材选购：http://35934919.taobao.com

制作方法
P183

粉色荷叶领针织衫

粉嫩的色彩似乎总能带人回到那温馨的童年，领口的荷
叶边编织，显得十分俏皮可爱。这样的一件长袖针织
衫，你是否也想拥有一件呢。

·· -Tips- ·········

适合线材：棉线、绒线、蚕丝蛋白绒
线材选购：http://35934919.taobao.com

制作方法
P184~185

湖水蓝系带短袖衫

清新的色彩，似乎能浸透人的心灵。整件衣服的编织花样虽然简单，但是衣身的细节处理一点也不马虎。收腰的设计和系带领口装饰，给衣服增添了不少青春的活力。

制作方法
P186~187

米色秀气开衫

米色似乎是永远不会过时的色彩，这样的一件长袖
开衫搭配简单的花样编织，显得十分的秀气、清
爽。值得一提的是衣身腰部的设计，采用的是菱形
花的编织花样，起到了完美的收腰效果。

纯白长袖开衫

制作方法
P188~189

纯白的色彩给人一种沁人心脾的视觉感受。
简单的花样编织给衣服增添了完美的线条
感，衣襟处珍珠般纽扣的搭配更是为衣服锦
上添花。

---------------- *Tips* ----------------

适合线材：棉线、绒线、蚕丝蛋白绒
线材选购：http://35934919.taobao.com

------------------------- · Tips · -------------------------
适合线材：棉线、绒线、蚕丝蛋白绒
线材选购：http://35934919.taobao.com

制作方法
P190~191

简约高领打底衫

深绿的色彩，显得十分的惹眼，第一时间就能摄住人
的眼球。高领的设计显得十分的贴合。这样的一款简
单的打底衫，在寒冷的冬天可以在外面搭配一件短款
的棉衣也是不错的选择。

制作方法
P192

民族风吊带长裙

段染的毛线，搭配简单的上下针编织花样，给整件长裙披上
了一层清新的民族风色彩。吊带的设计显得十分的性感。这
样的一件吊带长裙，你是否也心动了。

···············Tips·········
适合线材：棉线、绒线、蚕丝蛋白绒
线材选购：http://35934919.taobao.com

创意蝙蝠衫

成品规格：衣长52cm，半胸围54cm，袖长37cm
工　　具：10号棒针
编织密度：24.2针×29行=10cm²
材　　料：深褐色棉绒线650g

制作说明

1. 棒针编织法，从下往上编织。分成前片、后片、袖片2片。
2. 前片与后片的织法完全相同，以前片为例。双罗纹起针法，起90针，起织花样A双罗纹针，不加减针，编织36行的高度。下一行起，依照结构图分配的花样针数进行编织。不加减针，编织16行的高度后，两侧同时减针。8-1-2，4-1-6，2-1-17，减少25针，织成74行减针行。余下40针，收针断线。相同的方法去编织后片。
3. 袖片的编织。从袖口起织，双罗纹起针法，起90针，起织花样D搓板针，共6行，然后依照袖片结构图分配的花样针数进行编织。并在两边同时减针编织，8-1-2，4-1-6，2-1-17，顺序减针，减少25针，余下40针，收针断线。相同的方法去编织另一边袖片。
4. 缝合。将前片与后片的侧缝对应缝合。将两袖片的袖山线与衣身的袖窿线对应缝合。
5. 领片的编织。沿着前后领边，以左侧肩线中间为开口，挑出144针一圈，来回编织，不加减针，编织64行的双罗纹。完成后，收针断线。

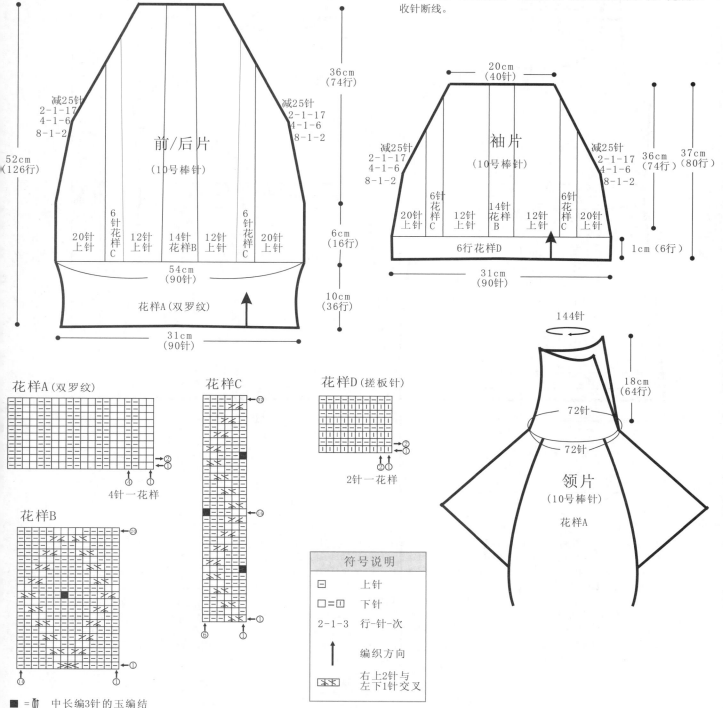

20cm（40针）

36cm（74行）

减25针
2-1-17
4-1-6
8-1-2

前/后片
（10号棒针）

52cm（126行）

20针上针　6针花样C　12针上针　14针花样B　12针上针　6针花样C　20针上针

54cm（90针）

花样A（双罗纹）

6cm（16行）

10cm（36行）

31cm（90针）

20cm（40针）

减25针
2-1-17
4-1-6
8-1-2

袖片
（10号棒针）

36cm（74行）　37cm（80行）

20针上针C　6针花样C　12针上针　14针花样B　12针上针　6针花样C　20针上针

6行花样D

1cm（6行）

31cm（90针）

144针

18cm（64行）

72针

72针

领片
（10号棒针）

花样A

花样A（双罗纹）

4针一花样

花样C

花样D（搓板针）

2针一花样

花样B

■＝中长编3针的玉编结

符号说明

□	上针
□＝□	下针
2-1-3	行-针-次
↑	编织方向
交叉符号	右上2针与左下1针交叉

甜美系带连衣裙

成品规格：裙长60cm，半胸围36cm，肩宽32cm，袖长14cm

工　　具：10号棒针，12号棒针

编织密度：34针×34行=10cm²

材　　料：粉色棉线400g

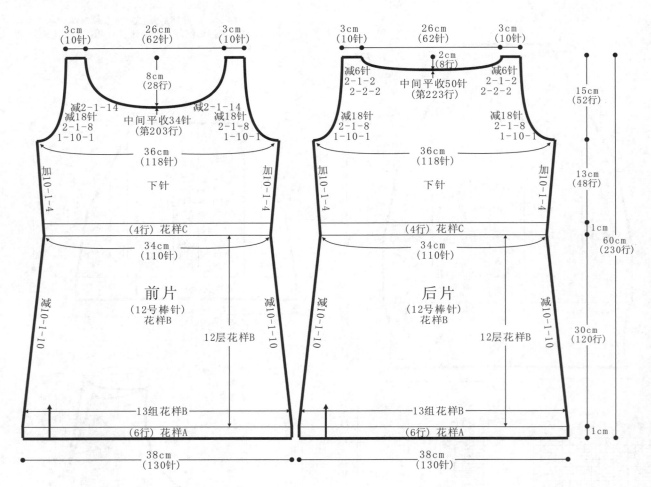

前片
(12号棒针)
花样B

3cm (10针)　26cm (62针)　3cm (10针)
8cm (28行)
减2-1-14　减2-1-14
减18针　减18针
2-1-8　2-1-8
1-10-1　1-10-1
中间平收34针 (第203行)
36cm (118针)
下针
加10-1-4
(4行) 花样C
34cm (110针)
减10-1-10
12层花样B
13组花样B
(6行) 花样A
38cm (130针)

后片
(12号棒针)
花样B

3cm (10针)　26cm (62针)　3cm (10针)
2cm (8行)
减6针　减6针
2-1-2　2-1-2
2-2-2　2-2-2
中间平收50针 (第223行)
36cm (118针)
下针
加10-1-4
(4行) 花样C
34cm (110针)
减10-1-10
12层花样B
13组花样B
(6行) 花样A
38cm (130针)

15cm (52行)
13cm (48行)
1cm
60cm (230行)
30cm (120行)
1cm

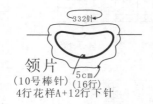

332针
领片
(10号棒针)
5cm (16行)
4行花样A+12行下针

前片/后片制作说明

1. 棒针编织法，裙子分为前片、后片来编织。从下摆往上织。

2. 起织后片，下针起针法起130针织花样A，织6行后，改织花样B，共织13组花样B，一边织一边两侧减针，方法为10-1-10，织至126行，织片变成110针，改织花样C，织至130行，改织全下针，两侧加针，方法为10-1-4，织至178行，两侧开始袖窿减针，方法为1-10-1，2-1-8，织至223行，中间平收50针，两侧减针，方法为2-2-2，2-1-2，织至230行，两侧肩部各余下10针，收针断线。

3. 前片的编织方法与后片相同，织至203行，中间平收34针，两侧减针，方法为2-1-14，织至230行，两侧肩部各余下10针，收针断线。

4. 将前片与后片的两侧缝对应缝合，两肩部对应缝合。

领片制作说明

1. 棒针编织法，往返编织完成。

2. 挑织衣领，沿前后领口挑起332针，环织下针，织12行后，改织花样A，织4行，收针断线。

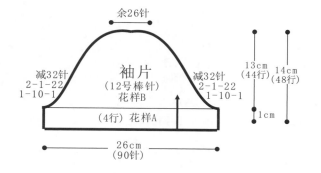

余26针

减32针
2-1-22
1-10-1

袖片
（12号棒针）
花样B

减32针
2-1-22
1-10-1

13cm
（44行）

14cm
（48行）

1cm

（4行）花样A

26cm
（90针）

袖片制作说明

1. 棒针编织法，编织两片袖片。从袖口起织。
2. 下针起针法，起90针织花样A，织4行后，改织花样B，两侧同时减针织袖山，方法为1-10-1，2-1-22，织至48行，织片余下26针，收针断线。
3. 同样的方法再编织另一袖片。
4. 缝合方法：将袖山对应前片与后片的袖窿线，用线缝合，再将两袖侧缝对应缝合。

花样A

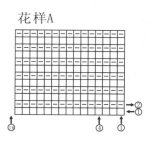

花样B

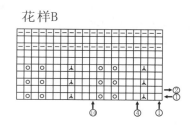

花样C

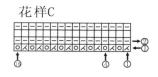

柔美紫色小开衫

成品规格：衣长42cm，半胸围46cm，袖长17cm
工　　具：12号棒针，1.5mm钩针
编织密度：27针×36行=10cm²
材　　料：紫色丝光棉线300g

符号说明	
⊟	上针
□=⊡	下针
2-1-3	行-针-次
↑	编织方向
⊠	左并针
⊠	右并针
⊚	镂空针

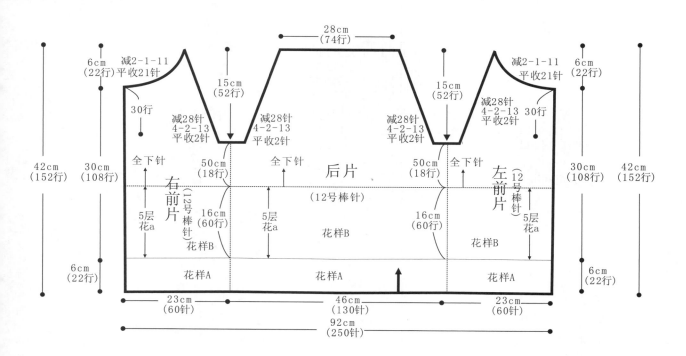

1. 棒针编织法，袖窿以下一片编织而成，袖窿以上分成左前片、右前片、后片各自编织。

2. 袖窿以下的编织。下针起针法，起250针，起织花样A，不加减针，编织22行的高度。下一行起，依照花样B分配花a编织。不加减针，编织5层花a的高度，共60行。下一行起，全织下针，再织18行，至袖窿。

3. 袖窿以上的编织，分成左前片、右前片、后片。左前片和右前片各60针，后片130针，先编织后片。

① 后片的编织。两侧同时减针，减2针，然后每织4行减2针，减13次，织成52行的高度，将所有的针数收针断线。

② 以右前片为例。右侧减针，减2针，然后每织4行减2针，减13次。当织成袖窿算起30行的高度时，进入前衣领减针。从左往右，平收针21针，然后每织2行减1针，减11次，与袖窿减针同步进行，直至余下1针，收针断线。相同的方法去编织左前片。

4. 袖片的编织。袖片从袖口起织，下针起针法，起70针，编织花样A，不加减针，往上织12行的高度，第13行起，编织7组花a，编织8行的高度后，进入袖窿减针，两边同时减针2针，然后4-2-13，织成52行，最后余下14针，收针断线。相同的方法去编织另一袖片。

5. 拼接，将前片的侧缝与后片的侧缝对应缝合，再将两袖片的袖山边线与衣身的袖窿边对应缝合。

6. 领片的编织，沿着前后领边，挑出132针，起织花样C搓板针，不加减针织4行的高度，收针断线。最后用钩针，沿着衣襟边，挑针编织一行逆短针。衣服完成。

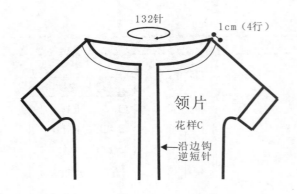

领片
花样C

132针

1cm（4行）

沿边钩
逆短针

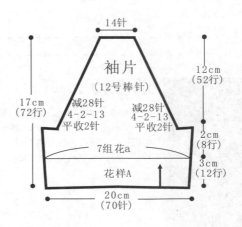

袖片
（12号棒针）

14针

12cm
（52行）

17cm
（72行）

减28针
4-2-13
平收2针

减28针
4-2-13
平收2针

7组花a

花样A

2cm
（8行）

3cm
（12行）

20cm
（70针）

花样A

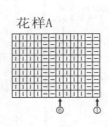

花样B

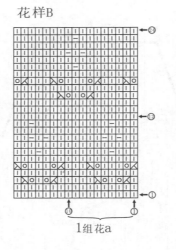

1组花a

花样C（搓板针）

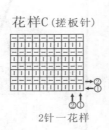

2针一花样

成熟圆领套头衫

成品规格：衣长54cm，半胸围38cm，袖长59cm
工　　具：12号棒针
编织密度：28针×37行=10cm²
材　　料：紫红色羊毛线600g

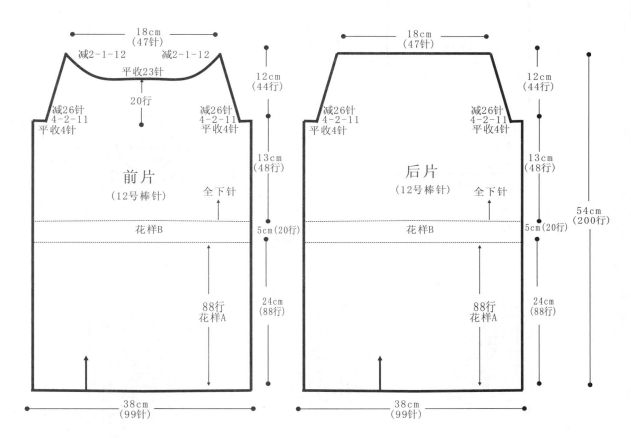

制作说明

1. 棒针编织法，由前片1片、后片1片、袖片2片组成。从下往上起织。

2. 前片的编织。一片织成。起针，下针起针法，起99针，编织花样A，不加减针，织88行的高度。下一行起，改织花样B，不加减针，编织20行的高度。下一行起，全织下针，至肩部。再织48行后，至袖窿。此时织成156行的高度，第157行起，进行袖窿减针，两边同时平收4针，然后每织4行减2针，减11次，当织成袖窿算起20行的高度时，进入前衣领减针，中间收针23针，两边相反方向减针，每织2行减1针，减12次，与袖窿减针同步进行，直至两边各余下1针，收针断线。

3. 后片的编织。袖窿以下的织法与前片完全相同，不再重复说明。袖窿以上，减针方法与前片相同，后片无后衣领减针，当减针织成44行时，余下47针，将所有的针数收针断线。

4. 袖片的编织。袖片从袖口起织，单罗纹起针法，起72针，分配成花样D单罗纹针，不加减针，往上织6行的高度，第7行起，依照花样C分配花样编织，不加减针，织成136行的高度时，至袖窿。下一行起进行袖山减针，两边同时收针，收掉4针，然后每织4行减2针，共减11次，织成44行，最后余下20针，收针断线。相同的方法去编织另一袖片。

5. 拼接，将前片的侧缝与后片的侧缝对应缝合，再将两袖片的袖山边线与衣身的袖窿边对应缝合。

6. 领片的编织，用12号棒针织，沿着前后领边，挑出126针，起织花样D单罗纹针，不加减针织8行的高度，收针断线。衣服完成。

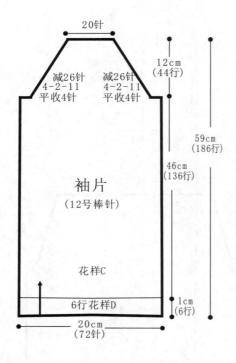

20针

减26针
4-2-11
平收4针

减26针
4-2-11
平收4针

12cm
（44行）

59cm
（186行）

46cm
（136行）

袖片
（12号棒针）

花样C

1cm
（6行）

6行花样D

20cm
（72针）

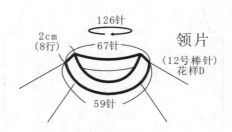

126针

2cm
（8行）

67针

领片
（12号棒针）
花样D

59针

花样A

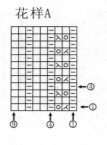

花样B

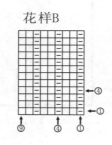

花样C

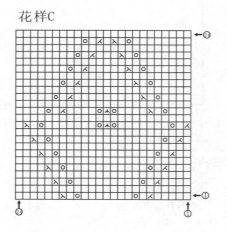

花样D（单罗纹）

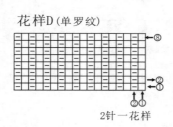

2针一花样

端庄V领短袖衫

成品规格：衣长55cm，胸围78cm
工　　具：12号棒针
编织密度：32针×40行=10cm²
材　　料：含丝羊毛线250g

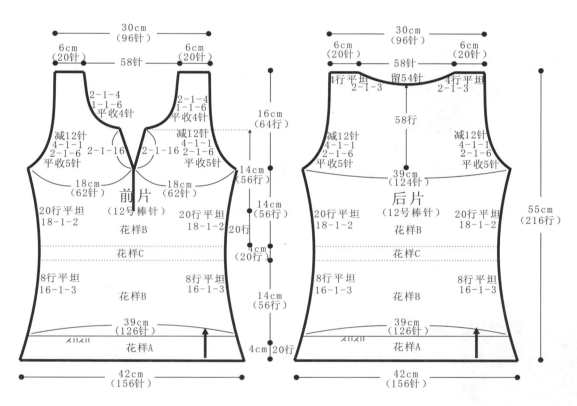

制作说明

1. 这件衣服从下向上编织，由后片、前片和袖片2片组成。

2. 后片起156针编织花样A20行，分散减针至126针，编织花样B56行，编织的同时在两边侧缝处减针，方法为16-1-3，8行平坦，然后织下针的地方改织花样C20行，之后织花样C的地方继续编织花样B，同时在两边侧缝处加针方法为18-1-2，20行平坦织56行后开始收袖窿，减针方法为平收5针，2-1-6，4-1-1，两侧各减12针，织58行留后领窝，中间留54针，两边减针方法为2-1-3，4行平坦，两边肩部各留20针。

3. 前片起156针编织花样A20行，然后跟后片相同的方法分针编织，侧缝的加减针和腰间的编织方法都和后片相同，织花样C后织花样B20行开始留前领窝，从中间针数分为两半，两边减针方法为2-1-16，平收4针，1-1-6，2-1-4，织到与后片相同的行数，两边肩部各留20针。将前后片肩部相对进行收针缝合，侧缝处相对进行缝合。

4. 袖子起128针，编织搓板针6行后织下针8行，开始收袖山，收针方法为平收5针，2-3-3，2-2-6，2-1-10，2-2-3，2-3-1，余38针收针，捏折成泡泡袖状与衣身缝合。

5. 挑织衣领，从后领窝开始挑针，每个针眼挑1针编织花样D6行收针。

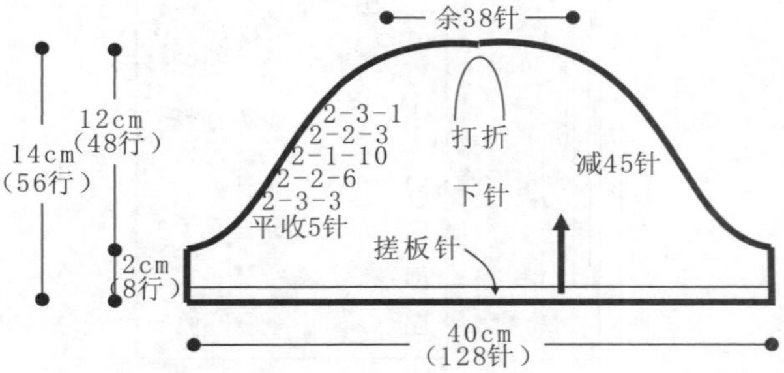
余38针
12cm (48行)
14cm (56行)
2-3-1
2-2-3
2-1-10
2-2-6
2-3-3
平收5针
打折
下针
减45针
搓板针
2cm (8行)
40cm (128针)

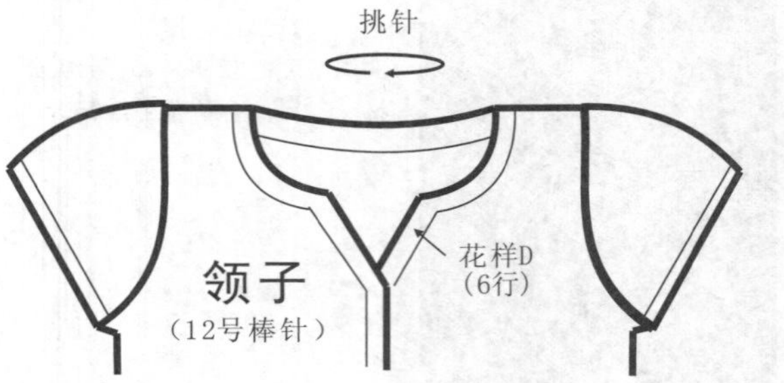
挑针
花样D (6行)
领子
(12号棒针)

花样A
边缘花样

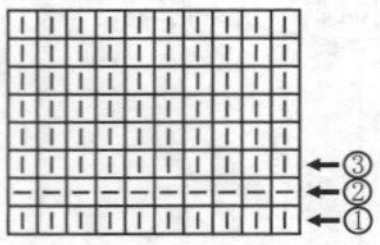

花样B

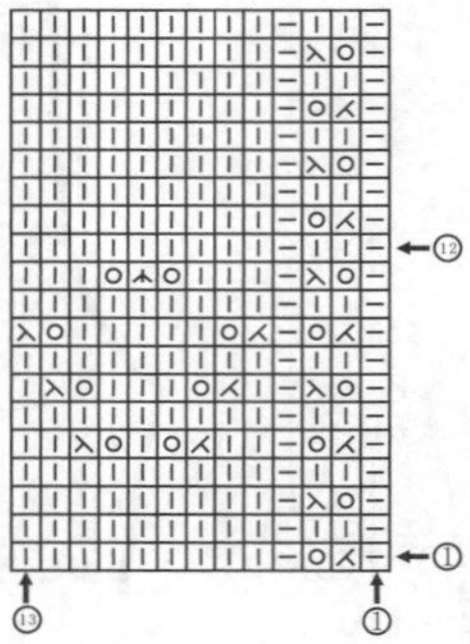

花样C
(单罗纹)

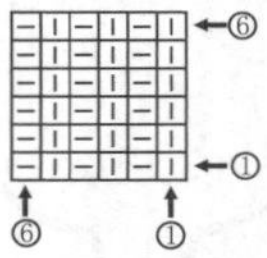

花样D
搓板针

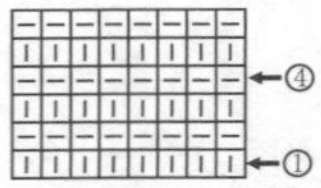

阳光修身套头衫

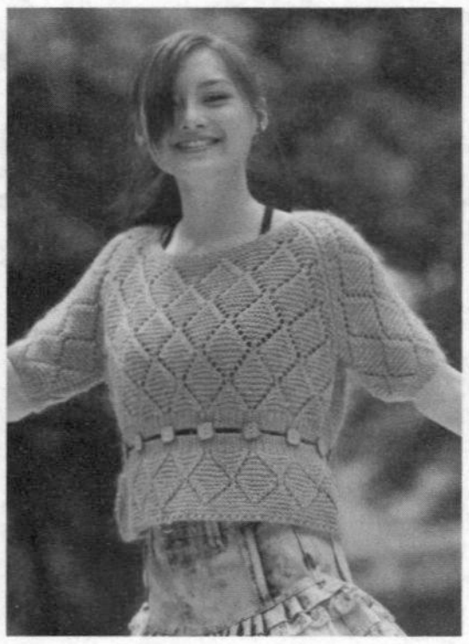

成品规格：衣长39.5cm，半胸围44cm，袖长30cm
工　　具：8号棒针
编织密度：19针×29.5行=10cm²
材　　料：橘色毛线500g，扣子12枚

符号说明	
⊟	上针
□=⊡	下针
2-1-3	行-针-次
↑	编织方向
⧅	左并针
⧄	右并针
⊡	镂空针
⊼	中上3针并1针

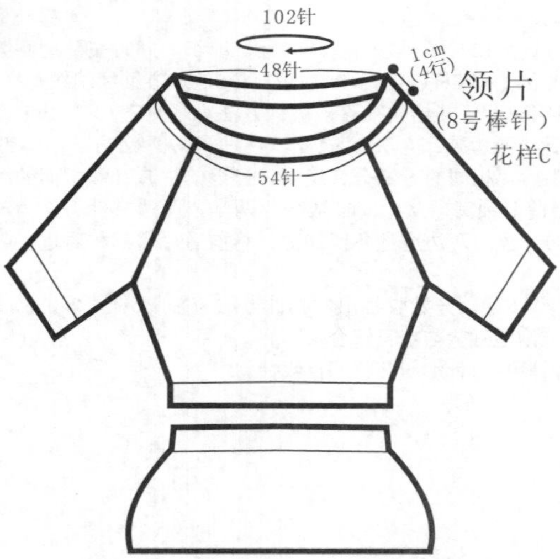
102针
48针
1cm (4行)
领片
(8号棒针)
花样C
54针

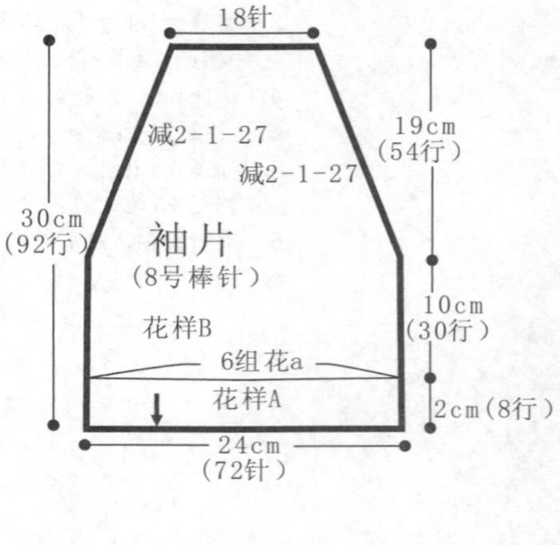
18针
减2-1-27
减2-1-27
19cm (54行)
30cm (92行)
袖片
(8号棒针)
10cm (30行)
花样B
6组花a
花样A
2cm (8行)
24cm (72针)

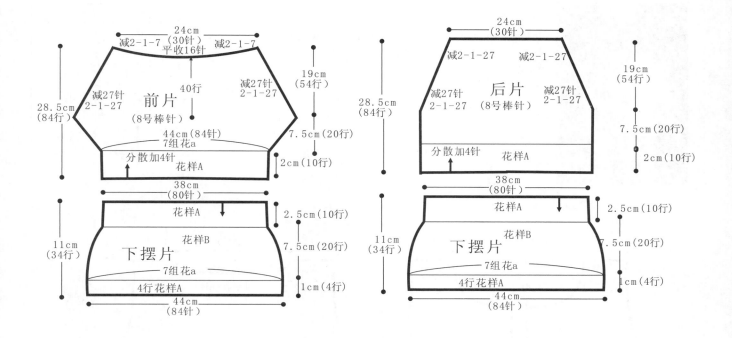

制作说明

1. 棒针编织法，由前片、后片、袖片2片和前后下摆片组成。
2. 前片的编织。
　①起针，单罗纹起针法，起80针，起织花样A单罗纹针，不加减针，编织10行的高度。在最后一行里，分散加针4针。针数加成84针。
　②继续编织，将84针分配成7组花a，不加减针，织20行的高度后，两侧进行袖窿减针。2-1-27，当织成袖窿算起40行的高度时，进入前衣领减针，中间收针16针，两边相反方向减针，2-1-7，与侧缝减针同步进行，直至余下1针，收针断线。
3. 后片的编织。后片袖窿以下织法与前片完全相同，袖窿减针与前片相同，但无后衣领减针，当织成54行的高度时，余下30针，将所有的针数全部收针断线。
4. 袖片的编织，单罗纹起针法，起72针，起织花样A，织8行，而后分配6组花a编织，不加减针，织30行的高度后，进入袖窿减针，2-1-27，织成54行的高度，余下18针，收针断线，相同的方法去编织另一只袖片。
5. 拼接，将前片的侧缝与后片的侧缝对应缝合，再将两袖片与衣身袖窿线对应缝合。
6. 下摆片的编织。单罗纹起针法，起160针，着尾连接，环织，从腰部向下起织花样A，不加减针，编织10行的高度，下一行起，分配成14组花a一圈，不加减针，编织20行的高度后，改织花样A，织4行后，收针断线。用扣子和线，将下摆片与上身片的下摆边进行缝合。
7. 沿着前后衣领边，挑出102针，编织花样C，不加减针，编织4行的高度后，收针断线。

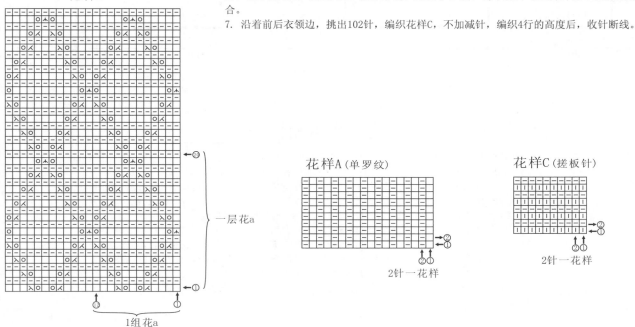

淑女风长款开衫

成品规格：衣长86cm，半胸围37cm，肩宽32cm，袖长32cm
工　　具：12号棒针，1.25mm钩针
编织密度：29针×32行=10cm²
材　　料：白色棉线600g

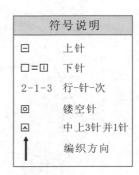

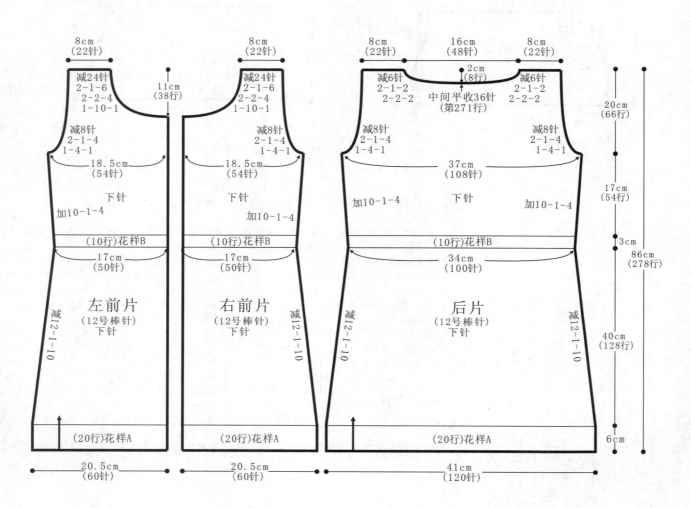

前片/后片制作说明

1. 棒针编织法，分为左前片、右前片和后片来编织。从下摆往上织。

2. 起织后片，下针起针法起120针织花样A，织20行后，改织全下针，两侧一边织一边减针，方法为12-1-10，织至148行，改织花样B，织至158行，改回编织全下针，两侧加针，方法为10-1-4，织至212行，两侧开始袖窿减针，方法为1-4-1，2-1-4，织至271行，中间平收36针，两侧减针，方法为2-2-2，2-1-2，织至278行，两侧肩部各余下22针，收针断线。

3. 起织左前片，下针起针法起60针织花样A，织20行后，改织全下针，左侧一边织一边减针，方法为12-1-10，织至148行，改织花样B，织至158行，改回编织全下针，左侧加针，方法为10-1-4，织至212行，左侧开始袖窿减针，方法为1-4-1，2-1-4，织至240行，右侧减针织前领，方法为1-10-1，2-2-4，2-1-6，织至278行，肩部余下22针，收针断线。

4. 同样的方法相反方向编织右前片，完成后将左右前片与后片的两侧缝对应缝合，两肩部对应缝合。

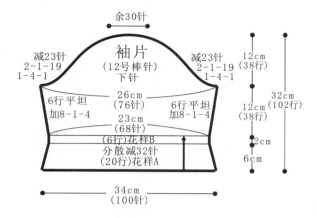

余30针

袖片
(12号棒针)
下针

减23针
2-1-19
1-4-1

减23针
2-1-19
1-4-1

6行平坦
加8-1-4

6行平坦
加8-1-4

26cm
(76针)

23cm
(68针)

(6行)花样B

分散减32针
(20行)花样A

34cm
(100针)

12cm
(38行)

12cm
(38行)

32cm
(102行)

2cm

6cm

袖片制作说明

1. 棒针编织法，编织两片袖片。从袖口起织。

2. 下针起针法，起100针织花样A，织20行后，将织片分散减掉32针，改织花样B，织至26行，改织全下针，两侧加针，方法为8-1-4，织至64行，两侧同时减针织袖山，方法为1-4-1，2-1-19，织至102行，织片余下30针，收针断线。

3. 同样的方法再编织另一袖片。

4. 缝合方法，将袖山对应前片与后片的袖窿线，用线缝合，再将两袖侧缝对应缝合。

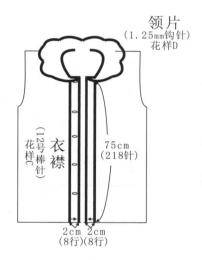

领片
(1.25mm钩针)
花样D

衣襟
(12号棒针)
花样C

花样C

75cm
(218针)

2cm 2cm
(8行)(8行)

领片/衣襟制作说明

1. 先织衣襟，沿左右前片衣襟侧分别挑针起织，挑起218针编织花样C，织8行后，收针断线。

2. 钩织衣领，沿着前后衣领边，挑针起钩，钩织花样D花边。

花样A

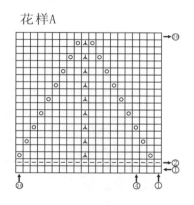

花样B

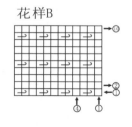

花样C

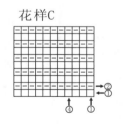

花样D

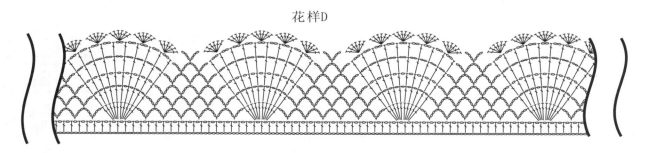

V领套头衫

成品规格：衣长54cm，半胸围38cm，袖长56cm
工　　具：10号棒针
编织密度：23.7针×35.6行=10cm²
材　　料：紫红色段染毛线600g

制作说明

1. 棒针编织法，由前片1片、后片1片、袖片2片组成。从下往上织起。

2. 前片的编织。一片织成。起针，下针起针法，起90针，依照花样A，分配成9组花a进行编织。不加减针，织136行至袖窿。将织片一分为二，各自编织，并进行领边和袖窿减针，袖窿减针方法是先平收3针，然后4-2-14，衣领减针方法是：4-1-14，直至余下1针，收针断线。

3. 后片的编织。袖窿以下织法与前片完全相同，袖窿起减针，方法与前片相同。当袖窿以上织成56行时，余下28针，将所有的针数收针。

4. 袖片的编织。袖片从袖口起织，下针起针法，起86针，依照结构图分配的花样进行编织，并在两袖侧缝上进行减针编织，24-1-6，织成144行，至袖窿。下一行起进行袖山减针，两边同时收针，收掉3针，然后每织4行减2针，共减14次，织成56行，最后余下12针，收针断线。相同的方法去编织另一袖片。

5. 拼接，将前片的侧缝与后片的侧缝对应缝合，再将两袖片的袖山边线与衣身的袖窿边对应缝合。

6. 领片的编织，用10号棒针织，沿着前后领边，

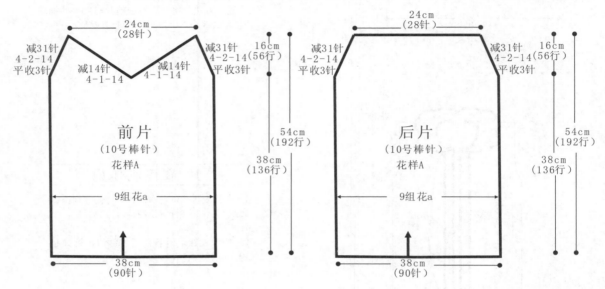

挑出180针，起织花样B双罗纹针，在前片V形转角处，首尾不连接编织，将领片来回编织，不加减针织14行的高度，收针断线。再将V形转角处的领片侧边，与另一边领边进行缝合，右侧领边放于内侧进行缝合。衣服完成。

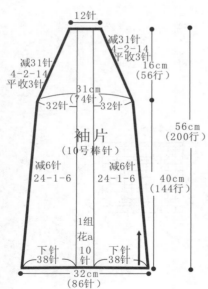

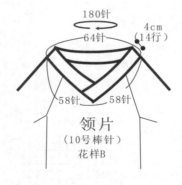

符号说明

□	上针
□=□	下针
2-1-3	行-针-次
↑	编织方向
図	左并针
図	右并针
⊙	镂空针
△	中上3针并1针

花样A

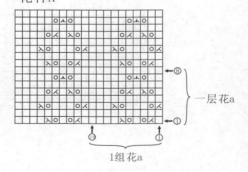

一层花a

11 1

1组花a

花样B（双罗纹）

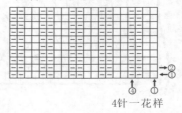

4针一花样

时尚小斗篷

成品规格：衣长49.6cm，胸宽40cm，肩宽34cm
工　具：12号棒针
编织密度：41针×50行=10cm²
材　料：明黄色细羊毛线400g

1. 棒针编织法，由前片1片、后片1片、袖片2片组成。从下往上织起。
2. 前片的编织，一片织成。起针，下针起针法，起284针，起织下针，织24行，对折缝合。下一行起，从中间选244针，来回折回编织，两边加针，加1-1-20，织成20行。针数共284针，由此计算往上的行数，为第1行。继续下针编织。并在侧缝进行减针编织，2-1-108，当织成第1行算起160行的高度时，织片中间分片，将织片分成两片各自编织。从内往外算起11针，编织花样A，袖窿继续减针，织成40行时，进入前衣领减针，领边收针15针，然后减针，2-1-8，与插肩缝减针同步进行，直至余下1针，相同的方法去编织另一边。

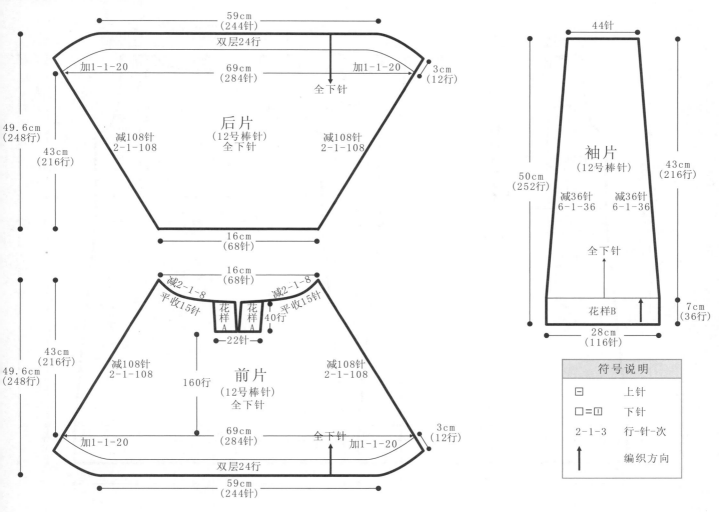

3. 后片的编织。后片结构与织法与前片完全相同，但无后衣领减针和分片编织，当插肩缝减针完成2-1-108后，织片余下68针，收针断线。
4. 袖片的编织。袖片从袖口起织，单罗纹起针法，起116针，起织花样B，织36行，下一行起，全织下针，并在插肩缝上进行减针编织，6-1-36，织成216行，最后余下44针，收针断线。相同的方法去编织另一袖片。
5. 拼接，将前片与后片的侧缝与袖片的袖山边线对应缝合。将袖片的袖侧缝进行缝合。最后沿着前后衣领边，挑出278针，编织花样A，织28行后，收针断线。衣服完成。

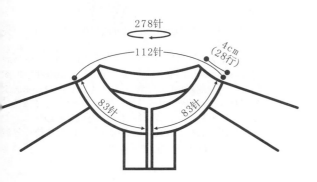

花样A

花样B(单罗纹)

蓝色娃娃装

成品规格：衣长65cm，半胸围34cm，肩宽30cm，袖长54cm
工　具：12号棒针
编织密度：22.4针×42行=10cm²
材　料：蓝色棉线500g，扣子5枚

1. 棒针编织法，分为前片、后片来编织。从下摆往上织。
2. 起织后片，单罗纹针起针法起112针织花样A，织16行后，改织花样B，织至28行，改为全下针编织，织至162行，改织花样D，织至184行，改织花样E，织至224行，两侧开始袖隆减针，方法为1-4-1，2-1-8，织至273行，中间平收46针，两侧减针，方法为2-2-2，2-1-2，织至280行，两侧肩部各余下15针，收针断线。
3. 起织前片，单罗纹针起针法起112针织花样A，织16行后，改织花样B，织至28行，改为全下针编织，织至162行，改织花样A，织至172行，将织片从中间分开。

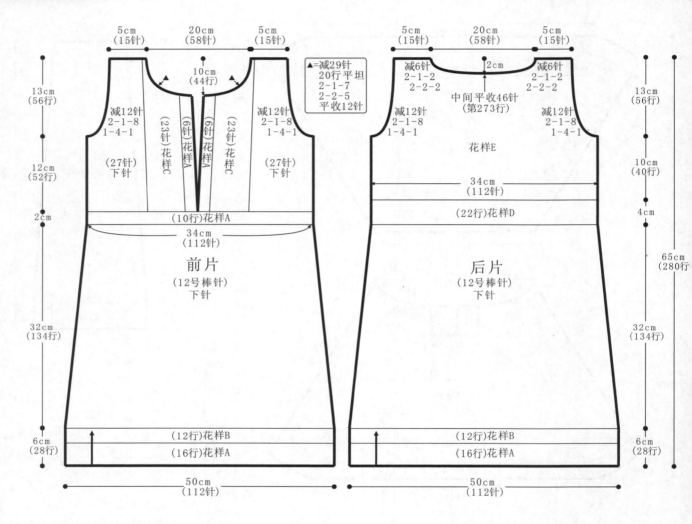

成左右两片分别编织，编织方法相同，方向相反，先织左前片。
4. 分配左前片56针到棒针上，先织6针花样A作为衣襟，再织23针花样C，余下27针织下针，重复往上编织52行，左侧减针织成袖隆，方法为1-4-1，2-1-8，织至64行，右侧减针织成前领，方法为1-12-1，2-2-5，2-1-7，织至108行，肩部余下15针，收针断线。
5. 相同方法相反方向编织右前片，完成后将前片与后片的两侧缝对应缝合，两肩部对应缝合。

符号说明			
□	上针	□=①	下针
2-1-3	行-针-次	⊙	镂空针
⊠	左并针	⊠	右并针
⊼	中上3针并1针	↑	编织方向
⊚	3针的结编织		
⊠	左上1针与右下1针交叉		
⊠	右上1针与左下1针交叉		
⊠	左上1针扭针与右下1针交叉		
⊠	右上1针扭针与左下1针交叉		

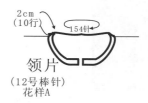

2cm
(10行)
154针

领片
（12号棒针）
花样A

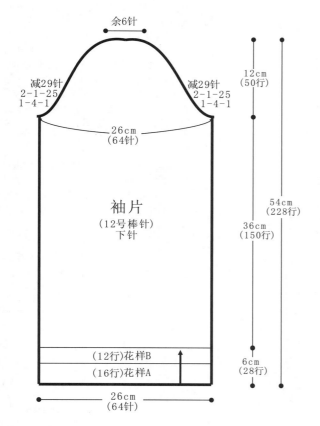

余6针

减29针
2-1-25
1-4-1

减29针
2-1-25
1-4-1

26cm
(64针)

袖片
（12号棒针）
下针

（12行）花样B

（16行）花样A

12cm
(50行)

54cm
(228行)

36cm
(150行)

6cm
(28行)

26cm
(64针)

领片制作说明

1. 棒针编织法，往返编织完成。
2. 挑织衣领，沿前后领口挑起154针，后领54针，左右前领各50针，往返编织花样A，织10行后收针断线。

袖片制作说明

1. 棒针编织法，编织两片袖片。从袖口起织。
2. 单罗纹针起针法，起64针织花样A，织16行后，改织花样B，织至28行，改织全下针，织至178行，开始减针编织袖山，两侧同时减针，方法为1-4-1，2-1-25，织至228行，织片余下6针，收针断线。
3. 同样的方法再编织另一袖片。
4. 缝合方法：将袖山对应前片与后片的袖窿线，用线缝合，再将两袖侧缝对应缝合。

花样A

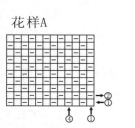

花样B

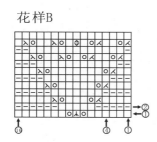

花样C

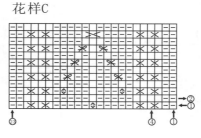

花样D

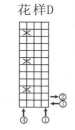

花样E

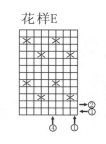

95

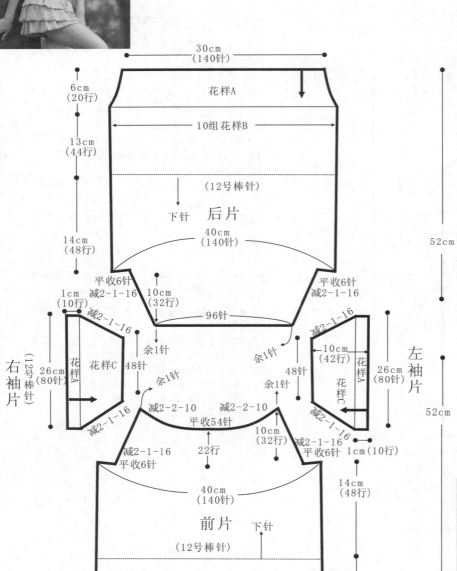

清新短袖衫

成品规格：衣长52cm，胸宽40cm，袖长10cm
工　　具：12号棒针
编织密度：33针×33.8行=10cm²
材　　料：绿色丝光棉线300g

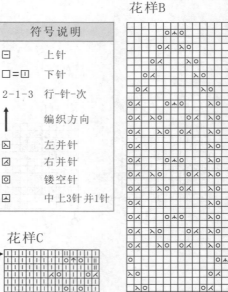

制作说明

1. 棒针编织法，由前片1片、后片1片、袖片2片组成。从下往上织起。
2. 前片的编织。一片织成。起140针不加减针，编织花样A双罗纹针，织20行的高度。
①袖窿以下的编织。第21行起，依照花样B分配好花样，并按照花样B的图解一行行往上编织，织成44行的高度，下一行起，全织下针，不加减针，再织48行的高度，至袖窿。此时衣身织成112行的高度。
②袖窿以上的编织。第113行时，两侧同时减针，两边同时平收6针，然后每织2行减1针，共减16次，织成袖窿算起22行的高度时，进入前衣领减针，中间收针54针，两边相反方向减针，每织2行减2针，减10次，与插肩缝减针同时进行，直至余下1针。
3. 后片的编织。后片的织法与花样、针数、行数和减针方法，与前片完全相同，后片无后衣领减针，当织成32行的高度后，将所有的针数收针。
4. 袖片的编织。袖片从袖口起织，双罗纹起针法，起80针，起织花样A双罗纹针，不加减针，编织10行的高度，下一行起，分配成花样C进行编织，并在两边减针，每织2行减1针，减16次，织成32行的高度后，余下48针，收针断线。相同的方法去编织另一袖片。
5. 拼接，将前片的侧缝与后片的侧缝对应缝合，再将两袖片的袖山边线与衣身的袖窿边对应缝合。
6. 领片的编织。沿着前后衣领边编织花样A双罗纹针，不加减针，编织10行的高度后，收针断线。衣服完成。

30cm
（140针）

6cm
（20行）

花样A

13cm
（44行）

10组花样B

（12号棒针）

下针　后片

14cm
（48行）

40cm
（140针）

平收6针　　　平收6针
减2-1-16　　　减2-1-16

1cm
（10行）

减2-1-16

96针

余1针

花样A　花样C　48针

右袖片
（12号棒针）

26cm
（80针）

减2-1-16

减2-2-10　减2-2-10
平收54针

减2-1-16
平收6针

22行

余1针

花样A　花样C

10cm
（42行）

左袖片

26cm
（80针）

减2-1-16

48针

余1针

10cm
（32行）

减2-1-16
平收6针　1cm（10行）

14cm
（48行）

52cm

52cm

40cm
（140针）

前片
（12号棒针）

下针

10组花样B

花样A

13cm
（44行）

6cm
（20行）

30cm
（140针）

符号说明

符号	说明
⊟	上针
□=回	下针
2-1-3	行-针-次
↑	编织方向
⊠	左并针
⊠	右并针
⊙	镂空针
⚹	中上3针并1针

花样B

花样C

花样A（双罗纹）

4针一花样

亚麻色流苏披肩

成品规格：衣长68cm，胸围138cm
工　　具：9号棒针
编织密度：16.8针×21行=10cm²
材　　料：羊毛线400g

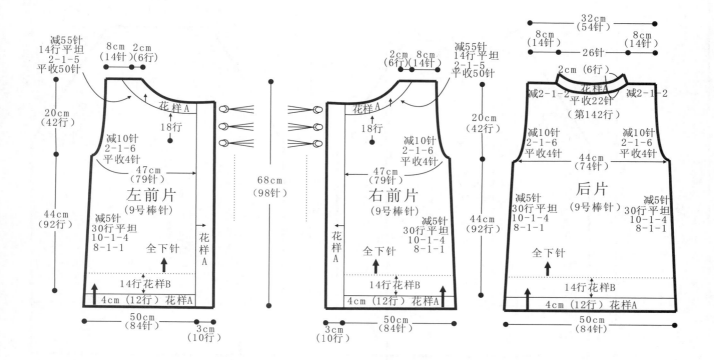

左前片

减55针
14行平坦
2-1-5
平收50针

8cm 2cm
(14针)(6行)

花样A

18行

减10针
2-1-6
平收4针

47cm
(79针)

20cm
(42行)

左前片
(9号棒针)

减5针
30行平坦
10-1-4
8-1-1

47cm
(79针)

全下针

44cm
(92行)

14行花样B

4cm（12行）花样A

50cm
(84针)

3cm
(10行)

花样A

68cm
(98针)

右前片

2cm 8cm
(6针)(14针)

减55针
14行平坦
2-1-5
平收50针

花样A

18行

减10针
2-1-6
平收4针

47cm
(79针)

20cm
(42行)

右前片
(9号棒针)

减5针
30行平坦
10-1-4
8-1-1

花样A

全下针

44cm
(92行)

14行花样B

4cm（12行）花样A

3cm
(10行)

50cm
(84针)

后片

32cm
(54针)

8cm 8cm
(14针) (14针)

26针

2cm（6行）
花样A
平收22针
（第142行）

减2-1-2 减2-1-2

减10针
2-1-6
平收4针

减10针
2-1-6
平收4针

44cm
(74针)

后片
(9号棒针)

减5针
30行平坦
10-1-4
8-1-1

减5针
30行平坦
10-1-4
8-1-1

全下针

14行花样B

4cm（12行）花样A

50cm
(84针)

制作说明

1. 整件衣服由后片和左右两个前片组成，从下往上编织。
2. 后片起84针，编织花样A4cm12行，再编织花样B14行之后编织全下针，左右侧缝减针方法为8-1-1，10-1-4，30行平坦，各减5针，织92行后收袖窿，减针方法为平收4针，2-1-6，左右袖窿各减10针，织到第142行开始留后领窝，方法为中间平收22针，减2-1-2，左右边减针方法相同，左右肩部各留14针。
3. 两个前片编织方法相同，结构对应方向相反，起84针，编织花样A12行，再编织花样B14行，开始全下针编织，侧缝减针方法跟后片相同，织92行后收袖窿，减针方法为平收4针，2-1-6，左右袖窿各减10针，织到第18行开始留领窝，方法为中间平收50针，减2-1-5，14行平坦，左右边减针方法相同，左右肩部各留14针。
4. 将前后片肩部相对缝合，衣片侧缝缝合。
5. 挑织衣领，将前后片衣领挑起编织花样A6行后收针。在左右前片衣襟处各挑98针，编织花样A10行，收针断线。整件衣服编织结束。

花样A
（单罗纹）

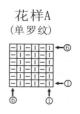

花样B

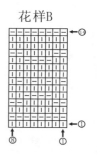

简洁鹅黄色套头衫

成品规格：衣长67cm，胸围76cm
工　　具：12号棒针
编织密度：28针×28.5行=10cm²
材　　料：羊毛线700g

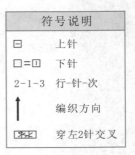

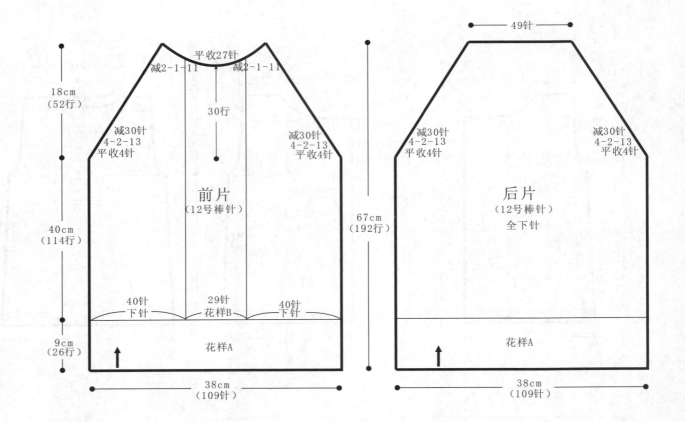

前片（12号棒针）

后片（12号棒针）全下针

平收27针
减2-1-11　　减2-1-11
30行
减30针 4-2-13 平收4针
49针
减30针 4-2-13 平收4针
18cm（52行）
40cm（114行）
9cm（26行）
67cm（192行）
40针 下针
29针 花样B
40针 下针
花样A
38cm（109针）
38cm（109针）

制作说明

1. 这件衣服从下向上编织，由后片、前片和两个袖片组成。

2. 后片起109针编织花样A26行，之后开始编织全下针，织114行后开始收斜肩，减针方法为平收4针，4-2-13，减30针，左右边减法相同，编织52行后，余49针，收针断线。

3. 前片起109针编织花样A26行，然后将针数分为3份，两边的40针编织下针，中间的29针编织花样B，织114行后开始收斜肩，减针方法与后片相同，织30行开始留前领窝，减针方法为正中平收27针，左右两边各减2-1-11。

4. 袖片单独编织。袖口起72针编织花样A16行，开始下针编织，两侧同时加针编织，加针方法为8-1-10，10行平坦，两侧各加10针。开始编织袖山，两侧同时减针，减针方法为平收4针，4-2-13，两侧各减30针，最后余下32针，收针断线。同样的方法再编织另一袖片。

5. 将袖窿侧缝与衣片袖窿侧缝缝合，然后从底边开始缝合衣片侧缝及袖底侧缝，一直缝合到袖口。

6. 挑织衣领，从前领窝挑88针，后领窝挑82针，编织花样C14行，收针结束。

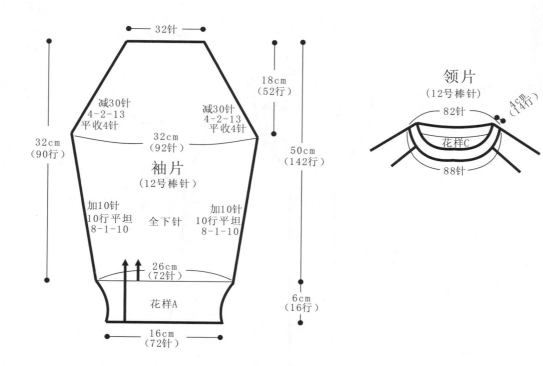

32针

18cm
(52行)

减30针
4-2-13
平收4针

减30针
4-2-13
平收4针

32cm
(92针)

32cm
(90行)

袖片
（12号棒针）

50cm
(142行)

加10针
10行平坦
8-1-10

全下针

加10针
10行平坦
8-1-10

26cm
(72针)

6cm
(16行)

花样A

16cm
(72针)

领片
（12号棒针）

82针

4cm
(14行)

花样C

88针

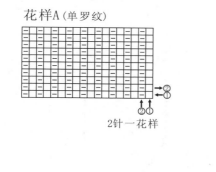

花样A（单罗纹）

2针一花样

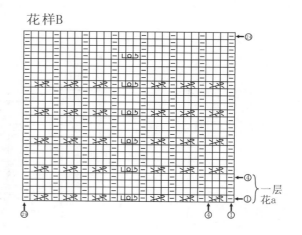

花样B

一层
花a

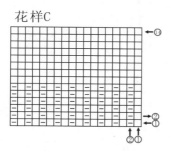

花样C

风情玫红色开衫

成品规格：衣长66cm，半胸围40cm，袖长49cm
工　　具：12号棒针
编织密度：27针×43.6行=10cm²
材　　料：玫红色棉线600g，扣子8枚

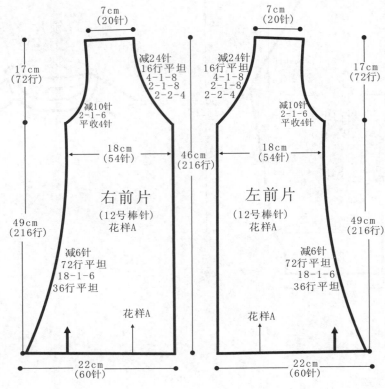

7cm (20针)　　　　7cm (20针)

减24针
16行平坦
4-1-8
2-1-8
2-2-4

减10针
2-1-6
平收4针

18cm (54针)　　46cm (216行)　　18cm (54针)

右前片
(12号棒针)
花样A

左前片
(12号棒针)
花样A

17cm (72行)　　　　17cm (72行)

49cm (216行)　　　　49cm (216行)

减6针
72行平坦
18-1-6
36行平坦

花样A

22cm (60针)　　22cm (60针)

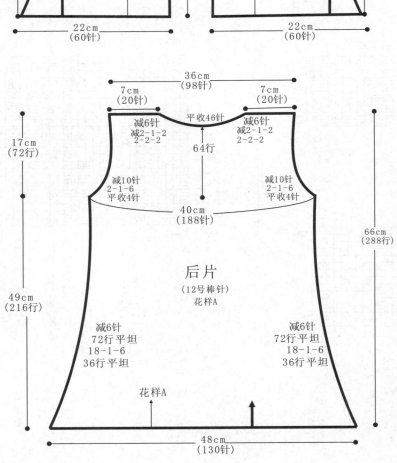

36cm (98针)

7cm (20针)　　　　7cm (20针)

减6针
减2-1-2
2-2-2

平收46针

减6针
减2-1-2
2-2-2

64行

减10针
2-1-6
平收4针

减10针
2-1-6
平收4针

40cm (188针)

17cm (72行)

66cm (288行)

后片
(12号棒针)
花样A

49cm (216行)

减6针
72行平坦
18-1-6
36行平坦

减6针
72行平坦
18-1-6
36行平坦

花样A

48cm (130针)

制作说明

1. 棒针编织法，由前片2片、后片1片、袖片2片组成。从下往上织起。

2. 前片的编织。由右前片和左前片组成，以右前片为例。下针起针法，起60针，以花样A进行分配编织，衣襟侧不加减针，侧缝边进行减针，不加减针，织36行，下一行起，每织18行减1针，减6次。不加减针，再织72行，至袖隆。下一行起，袖隆减针，从左往右，收针4针，然后每织2行减1针减6次。减少10针，衣襟侧同时也减针，减针顺序是：2-2-4，2-1-8，4-1-8，最后不加减针，再织16行，至肩部，余下20针，收针断线。相同的方法，相反的减针方向去编织左前片。

3. 后片的编织。下针起针法，起130针，同样编织花样A，两侧缝进行减针，减针方法与前片侧缝减针方法相同。袖隆以下，织成216行的高度，下一行起，两侧同时减针，先收针4针，然后每织2行减1针，减6次。当织成袖隆算起64行的高度时，下一行起，后衣领减针。两边相反方向减针，每织2行减2针，减2次，然后每织2行减1针，减2次，各减少6针。至肩部各余下20针，收针断线。

4. 袖片的编织。从袖口起织，起60针，编织花样A图案，并在两侧缝进行加针，加8针，每织18行加1针，加8次。不加减针，再织18行的高度后，至袖隆，袖隆起减针，两边同时减针4针，然后每织2行减1针，减27次。织成54行的高度，余下14针，收针断线。

5. 拼接，将前片的侧缝与后片的侧缝对应缝合，将前后片的肩部对应缝合。

6. 最后沿着衣襟边和衣领边，挑针编织花样B搓板针，不加减针，编织6行后，收针断线。一侧衣襟制作8个扣眼，另一侧钉上8个扣子。挑针的针数见结构图所示。

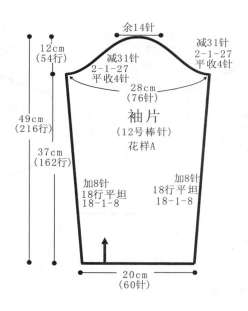

余14针

减31针
2-1-27
平收4针

减31针
2-1-27
平收4针

28cm
(76针)

袖片
（12号棒针）
花样A

12cm
(54行)

49cm
(216行)

37cm
(162行)

加8针
18行平坦
18-1-8

加8针
18行平坦
18-1-8

20cm
(60针)

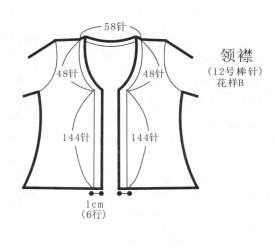

58针

领襟
（12号棒针）
花样B

48针   48针

144针   144针

1cm
(6行)

花样A

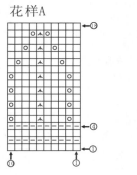

花样B(搓板针)

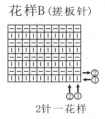

2针一花样

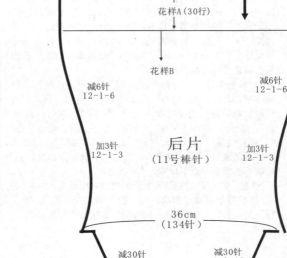

俏丽短袖衫

成品规格：衣长44cm，半胸围36cm，袖长14cm
工　　具：11号棒针
编织密度：28.5针×32行=10cm²
材　　料：粉蓝色棉线500g

符号说明

⊟	上针
□=□	下针
2-1-3	行-针-次
↑	编织方向
⊠	左并针
⊠	右并针
⊙	镂空针

制作说明

1. 棒针编织法，从下往上织，由前片1片、后片1片和两个袖片组成。

2. 前片的编织。

①起针。下针起针法，起140针，不加减针，编织30行的花样A。

②下一行起，将140针分配成花样B进行编织，并在两侧缝进行加减针编织。先进行减针，每织12行减1针，减6次，然后加针，每织12行加1针，加3次。织成138行的高度，至袖窿。

③下一行进行袖窿减针，两边同时收针6针，然后每织4行减2针，减12次，余下74针，将针数全部收针，断线。

3. 后片的编织。后片的结构和针数、行数与前片的完全相同，不再重复说明。

4. 袖片的编织。分成2部分，一部分为袖身，一部分为袖摆花边。先编织袖身，起64针，全织下针，两侧缝进行减针，每织4行减2针，减8次，织成32行，余下32针，收针断线。再从起织行挑针，挑出适当多的针数，全织下针，织12行下针后，改织4行搓板针。完成后，收针断线。然后再从袖口挑针，编织第二层袖摆，挑出与第一层相当的针数，起织下针，编织16行，而后再织4行搓板针，完成后，收针断线。

5. 缝合。将前片与后片的侧缝对应缝合。将两袖片的袖山线与衣身的袖窿线对应缝合。

6. 最后沿着领边，挑针编织4行搓板针。衣服完成。

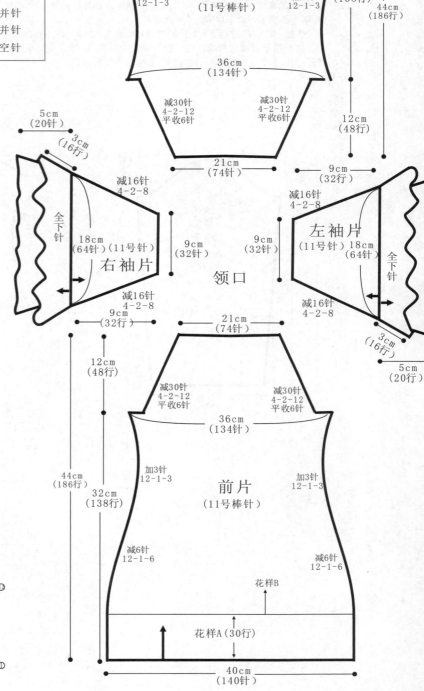

花样A

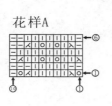

花样B

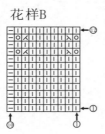

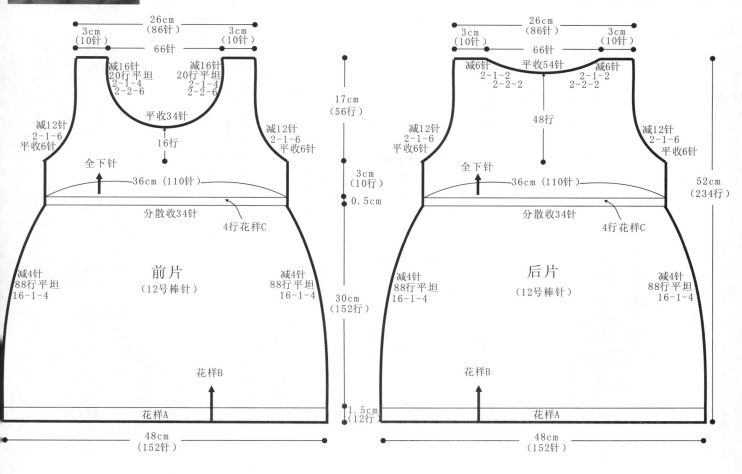

休闲小背心

成品规格：衣长52cm，胸围72cm
工　　具：12号棒针
编织密度：30针×33行=10cm²
材　　料：羊毛线300g

1. 整件衣服由后片和前片组成，从下往上编织。
2. 后片起152针，编织花样A12行，再编织花样B，同时在侧缝处减针，左右缝减针方法为16-1-4，88行平坦，各减4针，织152行后织4行花样C，分散收34针，衣身上部为全下针，织10行后收袖窿，减针方法为平收6针，2-1-6，左右袖窿各减12针，织到第48行开始留后领窝，方法为中间平收54针，两侧减针，2-2-2，2-1-2，各减6针，左右边减针方法相同，左右肩部各留10针。
3. 前片起152针，编织花样A12行，再编织花样B，侧缝减针方法跟后片相同，织152行后织4行花样C，衣身上部为全下针，织10行后收袖窿，减针方法跟后片相同，织16行开始留前领窝，中间平收34针，两侧减针方法为2-2-6，2-1-4，20行平坦，左右边减针方法相同，左右肩部各留10针。

前片
26cm（86针）
3cm（10针）　3cm（10针）
66针
减16针 20行平坦 2-1-4 2-2-6
平收34针
16行
减12针 2-1-6 平收6针
全下针
36cm（110针）
分散收34针
4行花样C
前片（12号棒针）
减4针 88行平坦 16-1-4
花样B
花样A
48cm（152针）

后片
26cm（86针）
3cm（10针）　3cm（10针）
66针
减6针 2-1-2 2-2-2
平收54针
48行
减12针 2-1-6 平收6针
全下针
36cm（110针）
分散收34针
4行花样C
后片（12号棒针）
减4针 88行平坦 16-1-4
花样B
花样A
48cm（152针）

17cm（56行）
3cm（10行）
0.5cm
30cm（152行）
1.5cm（12行）
52cm（234行）

4. 将前后片肩部相对缝合，衣片侧缝缝合。
5. 挑织衣领，将后片衣领挑起62针，前片衣领挑起86针，环形编织花样C6行后收针。左右袖窿各挑80针编织花样C6行后收针断线。整件衣服编织结束。

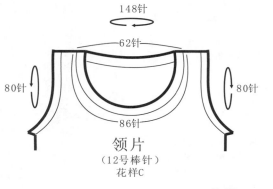

148针
62针
80针　80针
86针
领片
（12号棒针）
花样C

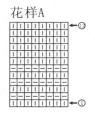

花样A

花样B

花样C
（搓板针）

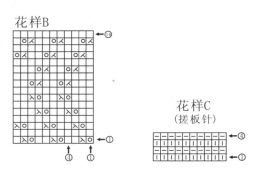

符号说明	
⊟	上针
□=⊡	下针
2-1-3	行-针-次
↑	编织方向
⊠	右上2针并1针
⊠	左上2针并1针
⊙	镂空针

可爱小披肩

成品规格：衣长24cm，半胸围50cm，袖长22cm
工　　具：12号棒针
编织密度：24针×26.7行=10cm²
材　　料：豆沙红色丝光棉线300g

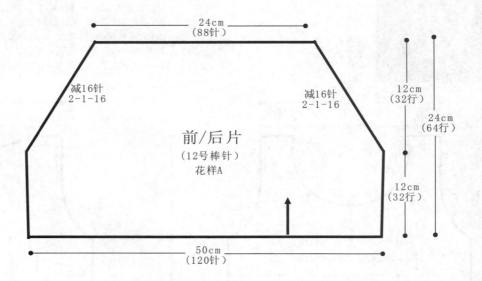

24cm
（88针）

减16针
2-1-16

前/后片
（12号棒针）
花样A

减16针
2-1-16

12cm
（32行）

24cm
（64行）

12cm
（32行）

50cm
（120针）

花样A

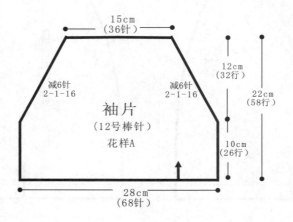

15cm
（36针）

减6针
2-1-16

袖片
（12号棒针）
花样A

减6针
2-1-16

12cm
（32行）

22cm
（58行）

10cm
（26行）

28cm
（68针）

符号说明

⊟	上针
□=Ⅰ	下针
2-1-3	行-针-次
↑	编织方向
⊠	左并针
⊠	右并针
⊡	镂空针

制作说明

1. 棒针编织法，由前片1片、后片1片、袖片2片组成。从下往上织起，插肩款，织法简单，花样简单。
2. 前片与后片的结构完全相同，以前片为例，单罗纹起针法，起120针，起织花样A，不加减针，编织32行的高度后，两边同时减针编织袖窿，每织2行减1针，减16次，织成32行的高度后，余下88针，收针断线。相同的方法去编织后片。
3. 袖片的编织。从袖口起织，单罗纹起针法，起68针，起织花样A，不加减针，编织26行的高度后，两边同时减针编织袖窿边，每织2行减1针，减16次，织成32行的高度后，余下36针，收针断线。相同的方法去编织另一只袖片。
4. 拼接，将前片的侧缝与后片的侧缝对应缝合，将袖片的袖山边与衣身的插肩缝边进行缝合。衣服完成。

秀丽连帽开衫

成品规格：衣长73cm，半胸围38cm，袖长53cm
工　　具：10号棒针
编织密度：26.7针×20.4行=10cm²
材　　料：绿棉线300g，红色扣子6枚

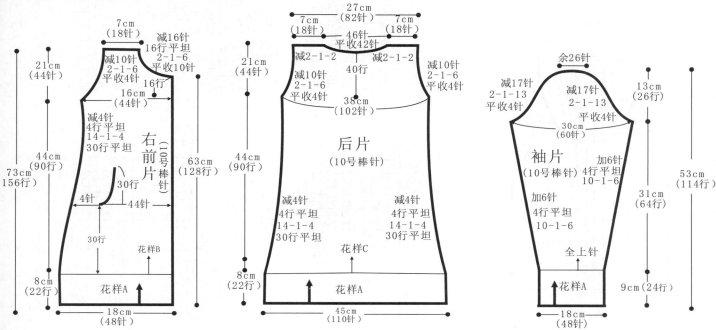

制作说明

1. 棒针编织法，由前片2片、后片1片、袖片2片、帽片1片组成。从下往上织起。

2. 前片的编织。由右前片和左前片组成，以右前片为例。袖隆以下的编织。双罗纹起针法，起48针，起织花样A双罗纹针，不加减针，织22行，下一行起，依照花样B分配编织。织成30行时，下一行起进行口袋编织，从右至左，选44针，左侧减针，2-1-5，不加减再织20行时，暂停编织这片，将左侧片编织。余下4针，右侧进行加针，2-1-5，再织20行，与右侧片并作一片继续编织。继续往上编织，再织30行，至袖隆，右前片侧缝需要进行减针，在第31行起开始减针，每织14行减1针，减4次，再织4行后，至袖隆。下一行起，进行袖隆减针，从左至右，收针4针，然后每织2行减1针，减6次。当织成16行时，进行衣领减针，从右往左，收针10针，然后每织2行减1针，减6次。不加减针，再织16行时，至肩部，余下18针，收针断线。

3. 后片的编织。双罗纹起针法，起110针，起织花样A双罗纹针，织22行的高度，下一行起，依照花样C分配编织，并在两侧缝上进行减针，不加减针织30后，进行减针，每织14行减1针，减4次。再织4行后，至袖隆，下一行起袖隆减针。两边同时收针4针，然后每织2行减1针，减6次。当织成袖隆算起的40行的高度时，进入后衣领减针，中间收针42针，两边相反方向减针，每织2行减1针，减2次。两肩部余下18针，收针断线。

4. 袖片的编织。从袖口起织，起48针，起织花样A，不加减针，编织24行，下一行起，全织上针，并在侧缝进行加针，每织10行加1针，加6次，织成60行，再织4行后至袖山，下一行起袖山减针，两边收针4针，然后每织2行减1针，减13次。余下26针，收针断线。

5. 拼接，将前片的侧缝与后片的侧缝对应缝合，将前后片的肩部对应缝合。再将两袖片与衣身袖隆线对应缝合。将袖侧缝对应缝合。

6. 帽片的编织。6针起织，向内侧加针，每织2行加1针，加6次，织成12行，再往内一次性加41针，暂停编织，相同的方法，加针方向相反。将两片合并为一片进行编织，共106针，不加减针，织成58行后，从中间往两边减针，每织2行减1针，减6次。两边各余下47针，将这两边并为1片，缝合。再将帽子各起织边与衣身领边进行缝合。最后沿着衣襟边和帽前沿，挑针起织花样A，不加减针，编织12行的高度，收针断线，衣服完成。

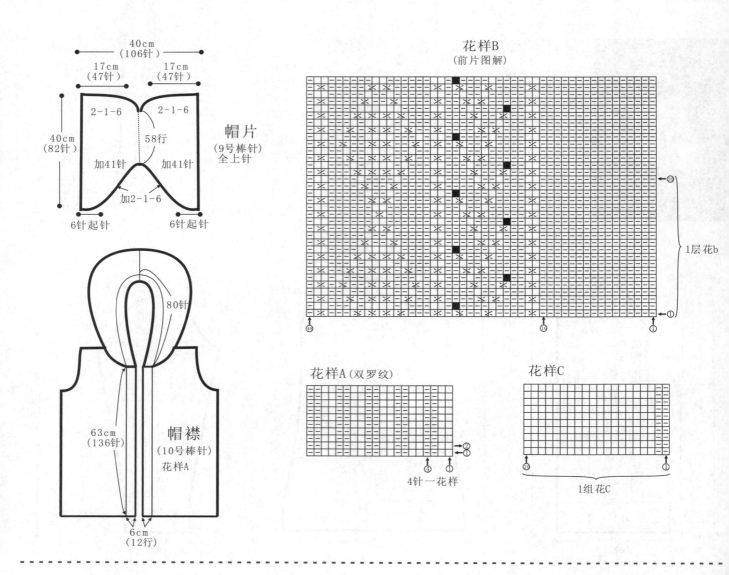

帽片 (9号棒针) 全上针

40cm
(106针)

17cm
(47针)　　17cm
(47针)

40cm
(82针)

2-1-6　　2-1-6

58行

加41针　　加41针

加2-1-6

6针起针　　6针起针

帽襟 (10号棒针) 花样A

80针

63cm
(136针)

6cm
(12行)

花样B
（前片图解）

1层花b

花样A（双罗纹）

4针一花样

花样C

1组花C

艳丽大红色开衫

成品规格：衣长63cm，胸围79cm，袖长60cm，肩宽32cm
工　具：9号棒针
编织密度：19针×28.9行=10cm²
材　料：羊毛线700g，大扣子5枚

符号说明

⊟	上针
□=[1]	下针
2-1-3	行-针-次
↑	编织方向
⊠	右上2针并1针
⊠	左上2针并1针
⊙	镂空针

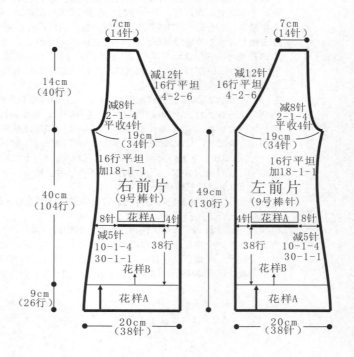

7cm
(14针)　　7cm
(14针)

减12针
16行平坦
4-2-6

减8针
2-1-4
平收4针
19cm
(34针)

16行平坦
加18-1-1

右前片
(9号棒针)　　**左前片**
(9号棒针)

14cm
(40行)

49cm
(130行)

40cm
(104行)

8针　花样A　4针　　4针　花样A　8针

减5针
10-1-4
30-1-1
38行

花样B

花样A

9cm
(26行)

20cm
(38针)　　20cm
(38针)

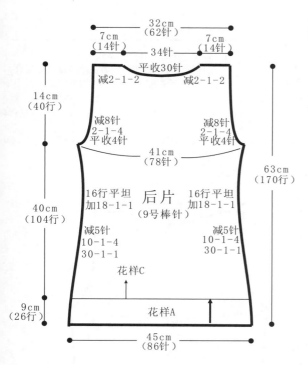

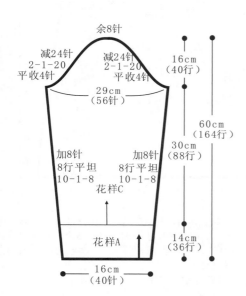

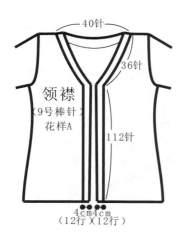

制作说明

1. 整件衣服从下向上编织，分为1个后片、2个前片和2个袖片，领襟另外挑针编织。

2. 后片起86针，编织花样A26行，再编织花样C，同时在两边侧缝减针，方法为30-1-1，10-1-4，各减5针，然后开始加针，方法为18-1-1，16行平坦，织104行开始收袖窿，方法为平收4针，2-1-4，两边各减8针，织40行，后领中间平收30针，两边减针2-1-2。两边肩部各留14针。

3. 两个前片编织方法相同，方向相反，起38针，编织花样A26行，开始编织花样B，同时在侧缝处减针及加针，方法跟后片相同，织38行编织口袋边缘，在靠近领襟这边过4针开始织花样A，靠近侧缝这边留8针，口袋边缘织好收针，另起28针编织全下针至口袋深度后和前边留下的靠近领襟处的4针和侧缝处留下的8针穿起一起继续编织，织到130行侧缝那边收袖窿，靠领襟这边收领子，收袖窿方法和后片相同，领边收针方法为4-2-6，16行平坦，两边各减12针，肩部留14针结束。

4. 袖片编织，袖口起40针，编织花样A36行，开始编织花样C，两侧同时加针编织，加针方法为10-1-8，8行平坦，两边各加8针，织88行后收袖山，收针方法为平收4针，2-1-20，两侧各减24针，织40行余8针，收针。

5. 衣片和袖片的缝合，将前片和后片的肩部相对用针编织收针，衣片和衣片的侧缝缝合，再将袖片跟衣服缝合。

6. 领襟编织，在前片衣襟挑112针，领边挑36针，后领挑40针，另一侧挑针方法相同，织花样A12行，收针。

花样B

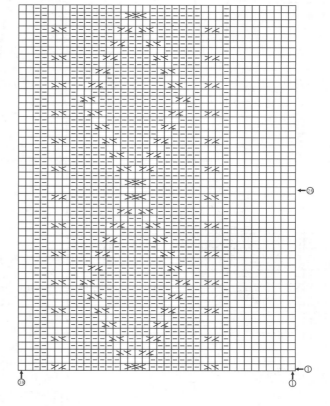

花样A（双罗纹）

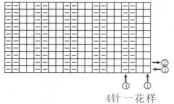

4针一花样

花样C

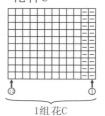

1组花C

107

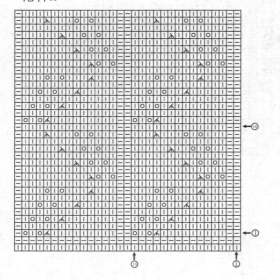

性感背心裙

成品规格：衣长70cm，胸围70cm
工　　具：9号棒针、10号棒针
编织密度：26针×29.5行=10cm²
材　　料：丝光毛线500g，蕾丝花边少许，扣子3枚

制作说明

1. 这件衣服从下向上编织，由后片和前片组成。
2. 后片起105针编织花样A116行，编织的同时在两边侧缝处减针，方法为16-1-7，4行平坦，然后在腰间织6行花样B单罗纹，再织下针32行开始收袖窿，减针方法为平收4针，2-1-4，两侧各减8针，织50行留后领窝，中间留47针，两边减针方法为2-1-2，两边肩部各留12针。
3. 前片起105针编织花样A116行，侧缝的减针方法和后片相同，但

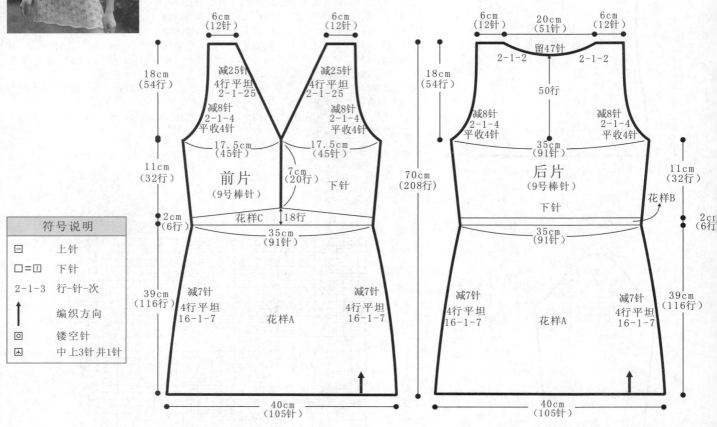

腰间改为搓板针编织，两边从6行逐步往中间加到18行，然后将针数分为两半各45针，同时在两边的门襟处加出5针织花样C搓板针作为领边，留3个扣眼，织20行开始收前领窝，方法为2-1-25，4行平坦，两边肩部各留12针。
4. 挑织衣领，将后领窝挑51针编织花样B6行收针。
5. 将前后片肩部相对进行缝合，侧缝处相对进行缝合。
6. 挑织袖窿边88针，编织花样B4行收针。

符号说明

符号	说明
⊟	上针
□=⊡	下针
2-1-3	行-针-次
↑	编织方向
⊡	镂空针
◮	中上3针并1针

花样A

花样B
（单罗纹）

花样C
搓板针

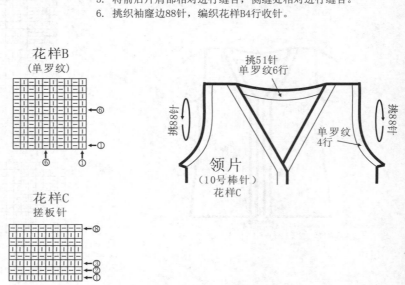

气质长款开衫

成品规格：衣长72cm，半胸围41cm
工 具：10号棒针
编织密度：23针×26.7行=10cm²
材 料：蓝色棉线共400g

1. 棒针编织法，从下往上编织。
2. 起织，衣身下摆分成左前片、右前片和后片各自编织。前片以右前片为例。下针起针法，起60针，起织花样A，并在侧缝进行减针编织，20-1-8，织成160行，收针断线。相同的方法去编织左前片。后片的编织，起112针，起织花样A，两侧缝进行减针，20-1-8，织成160行，收针断线。
3. 领片的编织。从领口起织，起102针，来回编织，起织花样C，共10行。下一行起，两端各取6针，始终编织花样C，中间分配成花样B编织，并进行加针编织，每23针为1组，每次每组加1针，每6行加1次。织成50行，收针断线。
4. 缝合。左前片和右前片各取46针与领边缝合。后片取84针与领边缝合。领片两边各留62针的宽度作袖口，并在袖口上钩织花样D花边。

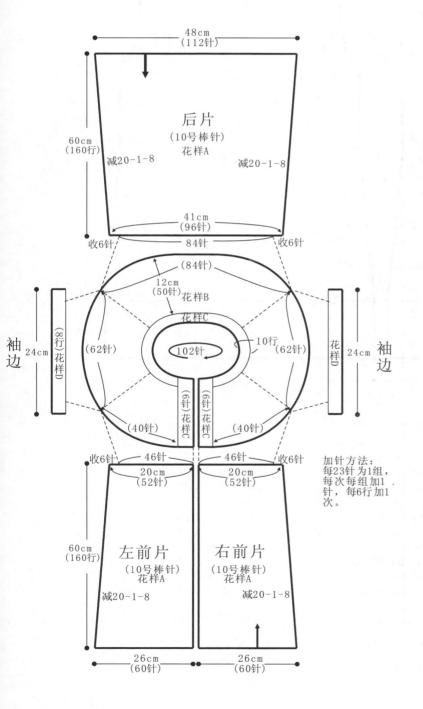

48cm
(112针)

后片
(10号棒针)
花样A

60cm
(160行)

减20-1-8　　　　减20-1-8

41cm
(96针)

收6针　　84针　　收6针

(84针)

12cm
(50针)花样B

花样C

10行

102针

(62针)　　(62针)

(6针)花样C　(6针)花样C

(40针)　　(40针)

袖边　　(8行)花样D　　24cm　　　　24cm　　花样D　　袖边

收6针　46针　46针　收6针

20cm　　20cm
(52针)　(52针)

加针方法：
每23针为1组，
每次每组加1
针，每6行加1
次。

左前片
(10号棒针)
花样A

右前片
(10号棒针)
花样A

60cm
(160行)

减20-1-8　　　减20-1-8

26cm
(60针)　　26cm
(60针)

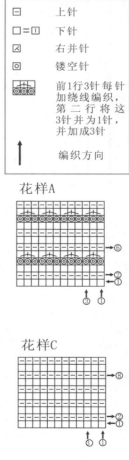

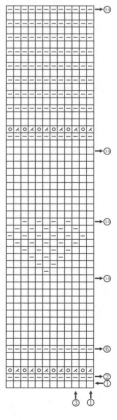

符号说明

符号	说明
□	上针
□=①	下针
☒	右并针
◎	镂空针
▦	前1行3针每针加绕线编织，第二行将这3针并为1针，并加成3针
↑	编织方向

花样A

花样B

花样C

花样D

大翻领开衫

成品规格：衣长66cm，半胸围36cm，肩宽30cm，袖长55cm
工　　具：12号棒针
编织密度：22针×28行=10cm²
材　　料：白色棉线450g

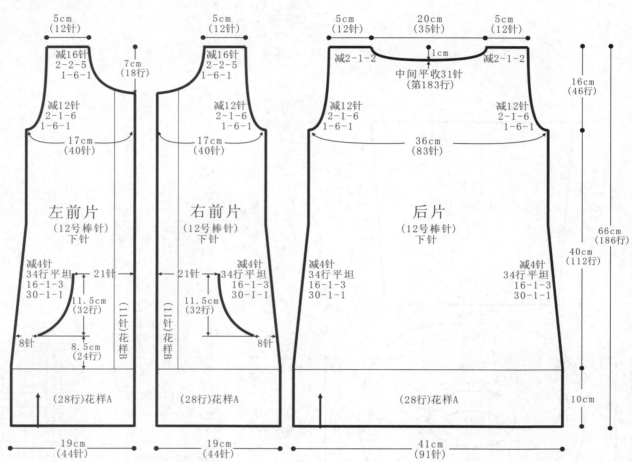

左前片
（12号棒针）
下针

右前片
（12号棒针）
下针

后片
（12号棒针）
下针

5cm（12针）　5cm（12针）　5cm（12针）　20cm（35针）　5cm（12针）

减16针 2-2-5 1-6-1　7cm（18行）
减16针 2-2-5 1-6-1
减2-1-2　1cm　中间平收31针（第183行）　减2-1-2

减12针 2-1-6 1-6-1
17cm（40针）
减12针 2-1-6 1-6-1
17cm（40针）
减12针 2-1-6 1-6-1　36cm（83针）　减12针 2-1-6 1-6-1

16cm（46行）

减4针 34行平坦 16-1-3 30-1-1　21针
21针　减4针 34行平坦 16-1-3 30-1-1
减4针 34行平坦 16-1-3 30-1-1　减4针 34行平坦 16-1-3 30-1-1

11.5cm（32行）　（11针）花样B
（11针）花样B　11.5cm（32行）

66cm（186行）
40cm（112行）

8针　8.5cm（24行）　8针

（28行）花样A　（28行）花样A　（28行）花样A

10cm

19cm（44针）　19cm（44针）　41cm（91针）

前片/后片制作说明

1. 棒针编织法，衣服分为左前片、右前片和后片来编织。从下摆往上织。

2. 起织后片，双罗纹起针法起91针织花样A，织28行后，改织全下针，两侧一边织一边减针，方法为30-1-1，16-1-3，织至112行，两侧开始袖窿减针，方法为1-6-1，2-1-6，织至183行，中间平收31针，两侧减针，方法为2-1-2，织至186行，两侧肩部各余下12针，收针断线。

3. 起织左前片，双罗纹起针法起44针织花样A，织28行后，改为花样B与全下针组合编织，右侧织11针花样B，其余织下针，左侧一边织一边减针，方法为30-1-1，16-1-3，织至52行，左侧8针暂时留针不织，其余36针一边织一边左侧减针，方法为2-2-2，2-1-8，4-1-3，织至84行，织片余下21针，留针暂时不织。另起线从织片第29行内侧挑起44针织下针，不加减针织24行后，与之前织片左侧留起的8针对应合并编织，织32行后，与之前织片右侧留起的21对应合并编织，织至112行，左侧开始袖窿减针，方法为1-6-1，2-1-6，织至168行，右侧减针织成前领，方法为1-6-1，2-2-5，织至186行，肩部各余下12针，收针断线。

4. 同样的方法相反方向编织右前片，完成后将左右前片与后片的两侧缝对应缝合，两肩部对应缝合。内袋片与衣身织片缝合。

5. 沿袋口边沿挑针编织花样C，织6行后，双罗纹针收针法，收针断线。

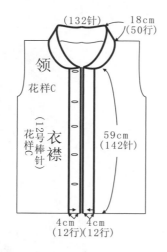

(132针) 18cm
(50行)

领
花样C

衣襟
（12号棒针）
花样C

59cm
(142针)

4cm   4cm
(12行)(12行)

领片、衣襟制作说明

1. 先织衣襟，沿左右前片衣襟侧分别挑针起织，挑起142针编织花样C，织12行后，收针断线。
2. 衣襟完成后挑织衣领，沿领口挑起132针，织花样C，织50行后，双罗纹针收针法，收针断线。

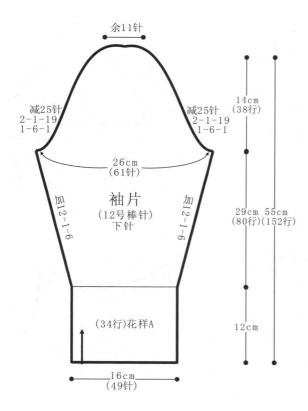

余11针

减25针   减25针
2-1-19   2-1-19
1-6-1   1-6-1

26cm
(61针)

袖片
（12号棒针）
下针

加12-1-6   加12-1-6

14cm
(38行)

29cm   55cm
(80行)(152行)

(34行)花样A

12cm

16cm
(49针)

袖片制作说明

1. 棒针编织法，编织两片袖片。从袖口起织。
2. 下针起针法，起49针织花样A，织32行后，改织全下针，两侧加针，方法为12-1-6，织至114行，两侧同时减针织袖山，方法为1-6-1，2-1-19，织至152行，织片余下11针，收针断线。
3. 同样的方法再编织另一袖片。
4. 缝合方法：将袖山对应前片与后片的袖窿线，用线缝合，再将两袖侧缝对应缝合。

花样A
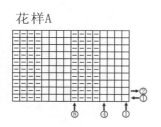

花样C
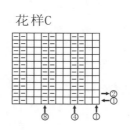

花样B
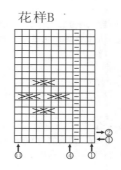

111

简单黑色短袖衫

成品规格：衣长53cm，胸围74cm，袖长17cm

工　　具：12号棒针

编织密度：33.5针×42行=10cm²

材　　料：黑色丝毛线300g

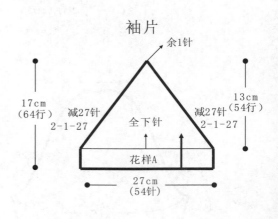

符号说明

⊟	上针
□=⊡	下针
2-1-3	行-针-次
↑	编织方向
⊠	右上2针并1针
⊠	左上2针并1针
⊡	镂空针

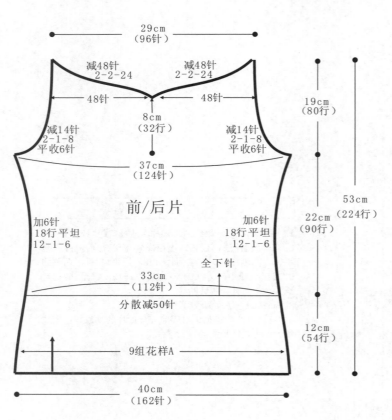

前/后片

29cm（96针）

减48针 2-2-24　　减48针 2-2-24

48针　48针

8cm（32行）

减14针 2-1-8 平收6针　　减14针 2-1-8 平收6针

37cm（124针）

加6针 18行平坦 12-1-6　　加6针 18行平坦 12-1-6

全下针

33cm（112针）

分散减50针

9组花样A

40cm（162针）

19cm（80行）

22cm（90行）

53cm（224行）

12cm（54行）

袖片

余1针

减27针 2-1-27　　减27针 2-1-27

全下针

花样A

17cm（64行）

13cm（54行）

27cm（54针）

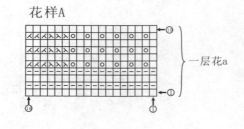

领子

花样A

制作说明

1. 整件衣服由两个衣片组成组成，前后片织法相同，从下往上编织。

2. 衣片起162针，织9组花样A，织54行后分散减50针至112针开始全下针编织，并在衣片两侧加针，加针方法为12-1-6，18行平坦，织90行后开始收袖窿，收针方法为平收6针，2-1-8，两侧减针方法相同，各收14针，织32行开始领子部位的编织，将针数一分为二，各48针，两半相对减针，减针方法为2-2-24，将针数减完结束。

3. 袖子起54针编织花样A10行，两边侧缝相对减针，减针方法为2-1-27，最后将针数减为1针。

4. 将衣片的侧缝缝合，再将袖片的侧缝和衣片的袖窿处缝合。

5. 挑织衣领，将前后片衣领处挑针编织花样A10行，收针结束。

花样A

一层花a

紫色系带背心

成品规格：衣长58cm，半胸围36cm
工　　具：12号棒针
编织密度：46.7针×44行=10cm²
材　　料：紫色毛线

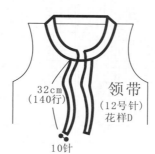

领带
(12号针)
花样D

32cm
(140行)

10针

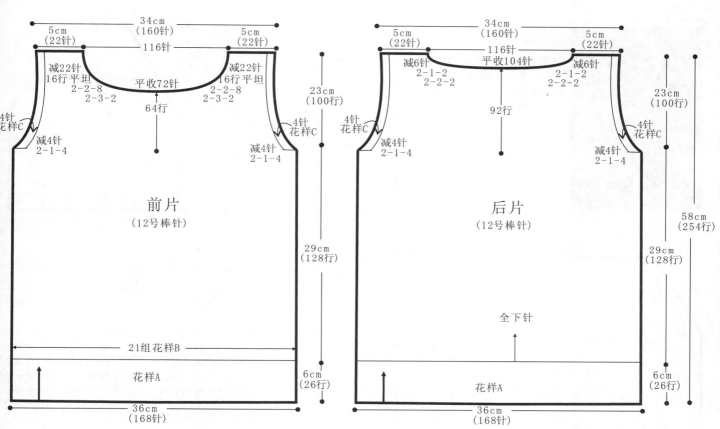

前片（12号棒针）

34cm（160针）
5cm（22针）　116针　5cm（22针）
减22针 16行 平坦 2-2-8 2-3-2
平收72针
64行
减22针 16行平坦 2-2-8 2-3-2
4针 花样C
减4针 2-1-4
21组花样B
花样A
23cm（100行）
29cm（128行）
6cm（26行）
36cm（168针）

后片（12号棒针）

34cm（160针）
5cm（22针）　116针　5cm（22针）
减6针 2-1-2 2-2-2
平收104针
减6针 2-1-2 2-2-2
4针 花样C
减4针 2-1-4
92行
全下针
花样A
23cm（100行）
58cm（254行）
29cm（128行）
6cm（26行）
36cm（168针）

制作说明

1. 棒针编织法，由前片1片、后片1片组成，无袖。从下往上织起。

2. 前片的编织。一片织成。起针，双罗纹起针法，起168针，编织花样A双罗纹针，不加减针，织26行的高度，袖窿以下的编织，第27行起，依照花样B分配好花样，一行共21组，不加减针，织成128行的高度，至袖窿。袖窿以上的编织，第154行时，两侧各取4针编织花样C搓板针，搓板针内侧第1针上，进行减针编织，2-1-4，然后不加减针编织。织成袖窿算起的64行时，进行领边减针，织片中间平收掉72针，然后两边每织2行减3针，共减2次，然后每织2行减2针，共减8次，再织16行后，至肩部，余下22针，收针断线。

3. 后片的编织。双罗纹起针法，起168针，编织花样A双罗纹针，不加减针，织26行的高度，然后第27行起，全织下针，不加减针往上编织成128行的高度，至袖窿，然后袖窿起减针，方法与前片相同。当袖窿以上织成92行时，中间收针104针，两边相反方向减针，依次是2-2-2，2-1-2，两肩部各余下22针，收针断线。

4. 拼接，将前片的侧缝与后片的侧缝对应缝合，将前后片的肩部对应缝合。

5. 领片的编织，领片是编织一长织片，然后将中间段与领边进行缝合，两端长出来的部分作前片系带。织片起10针，起织花样D单罗纹针，编织适当长度后收针，将中间段缝合于领边。衣服完成。

花样A（双罗纹）

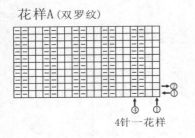

4针一花样

花样B

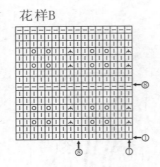

←⑧

←①

⑧ ①

花样C（搓板针）

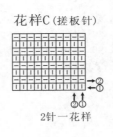

←②
←①

②①

2针一花样

花样D（单罗纹）

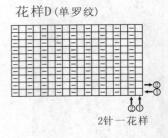

←②
←①

②①

2针一花样

黑色休闲衫

成品规格：衣长38cm，半胸围44cm，袖片长36cm
工　　具：10号棒针
编织密度：20针×19行=10cm²
材　　料：黑色毛线250g

—20针—

17cm
（32行）

36cm
（68行）

减2-1-16　　减2-1-16

袖片
（10号棒针）

花样B

4行花样A

19cm
（36行）

—26cm—
（52针）

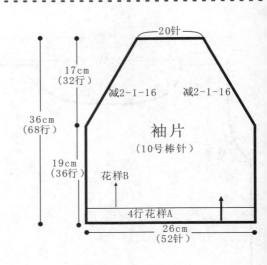

—22cm—
（56针）

17cm
（32行）

减2-1-16　　减2-1-16

44cm
（88针）

前/后片
（10号棒针）

花样B

17cm
（32行）

38cm
（82行）

4cm
（18行）

花样A

—36cm—
（88针）

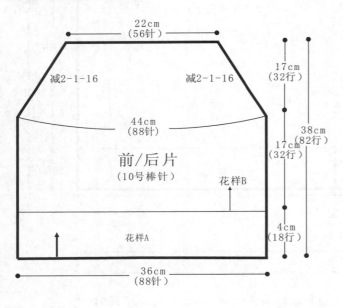

制作说明

1. 棒针编织法，由前片1片、后片1片、袖片2片组成。从下往上织起。插肩款衣服。

2. 前片的编织。一片织成。起针，双罗纹起针法，起88针，编织花样A双罗纹针，不加减针，织18行的高度。袖窿以下的编织，第19行起，依照花样B分配好花样，并按照花样B的图解一行行往上织，织成32行的高度，至袖窿。袖窿以上的编织。第51行时，两侧同时减针，然后每织2行减1针，共减16次，织成32行，余下56针，收针断线。

3. 后片的编织与前片完全相同，不再重复说明。

4. 袖片的编织。袖片从袖口起织，双罗纹起针法，起52针，分配成花样A双罗纹针，不加减针，往上织4行的高度，第5行起，编织花样B，不加减针，编织36行的高度，下一行起，两边袖侧缝进行减针，每织2行减1针，共减16次，织成32行，余下20针，收针断线。相同的方法去编织另一袖片。

5. 拼接，将前片的侧缝与后片的侧缝对应缝合，再将两袖片的袖山边线与衣身的袖窿边对应缝合。衣服完成。

花样A（双罗纹）

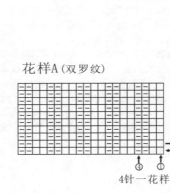

←②
←①

④①

4针一花样

花样B

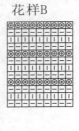

妩媚连衣裙

成品规格：衣长66.5cm，半胸围37cm，袖长58cm
工　　具：12号棒针
编织密度：32针×39行=10cm²
材　　料：朱砂红色毛线700g

符号说明	
⊟	上针
□=⊡	下针
2-1-3	行-针-次
↑	编织方向
⊠	左并针
⊠	右并针
⊡	镂空针
⊠	中上3针并1针
图	左上2针与右下2针交叉

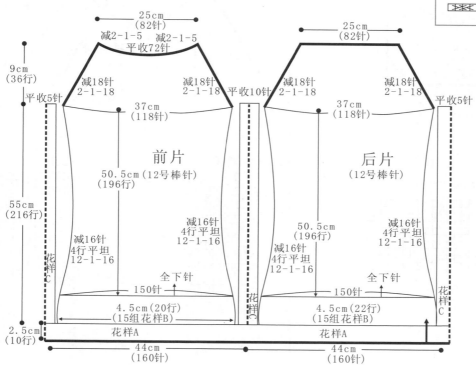

制作说明

1. 棒针编织法，袖窿以下一片编织而成，袖窿以上分成前片、后片各自编织，另袖片2片。

2. 袖窿以下的编织。双罗纹起针法，起320针，首尾连接，环织。起织花样A双罗纹针，织10行，下一行分配花样，将织片对折，取两边各10针，编织花样C至腋下。花样C之间，150针，分配成15组花样B，将花样B织成22行的高度，而后以上全织下针，并在花样C内一针上进行减针，减针方法12-1-16，再织4行后，至袖窿。

3. 袖窿以上的编织。将两端的花样C收针。这样余下前片118针，后片118针，先编织其中一片，两端同时减针，2-1-18，当织成袖窿算起26行时，进行前衣领减针，中间收针72针，两边减针，2-1-5，与袖窿减针同步进行，直至余下1针，收针断线。后片的减针方法与前片相同，但后片无衣领减针，织成36行后，将所有的针数收针，断线。

4. 袖片的编织。袖片从袖口起织，下针起针法，起88针，编织花样D，共10行，对折成5行的高度。下一行起，全织下针，不加减针，织成188行，至袖窿。下一行起进行袖山减针，两边同时收针，2-1-18，织成36行，最后余下52针，收针断线。相同的方法去编织另一袖片。

5. 拼接，将前片的侧缝与后片的侧缝对应缝合，再将两袖片的袖山边线与衣身的袖窿边对应缝合。

6. 领片的编织，沿着前后领边，挑出264针，起织花样E，一圈共12组，在每组上进行减针编织，织成20行，收针断线。衣服完成。

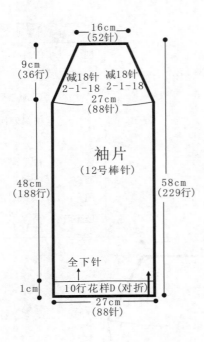

16cm
(52针)

9cm
(36行)

减18针　减18针
2-1-18　2-1-18
27cm
(88针)

48cm
(188行)

58cm
(229行)

袖片
(12号棒针)

全下针

1cm

10行花样D(对折)

27cm
(88针)

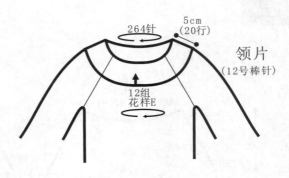

264针

5cm
(20行)

领片
(12号棒针)

12组
花样E

花样A(双罗纹)

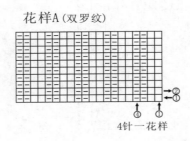

4针一花样

花样B

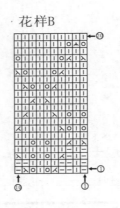

花样C

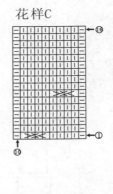

花样D

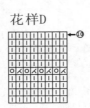

花样E

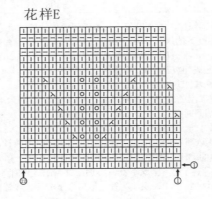

秀雅圆领针织衫

成品规格：衣长50cm，胸围81cm，袖长51cm
工　　具：12号棒针
编织密度：29.3针×40行=10cm²
材　　料：羊毛线500g，扣子9枚

符号说明	
⊟	上针
□=⊡	下针
2-1-3	行-针-次
↑	编织方向
⊠	左并针
⊠	右并针
◎	镂空针
⊠	中上3针并1针

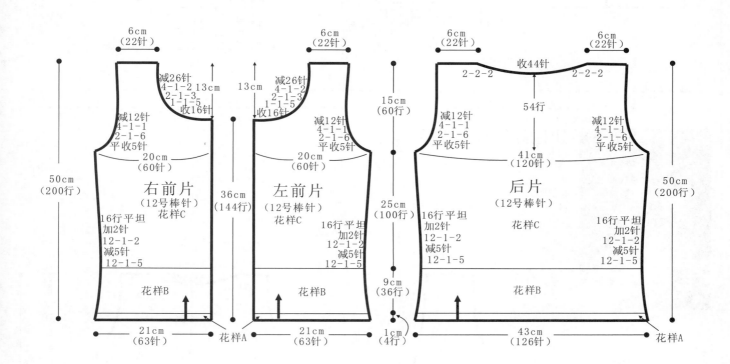

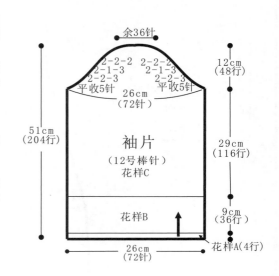

制作说明

1. 整件衣服从下向上编织，分为1个后片2个前片和2个袖片，领襟另外挑针编织。

2. 后片起126针，编织花样A4行，再编织花样B36行，然后编织花样C同时在两边侧缝减针，方法为12-1-5，各减5针，然后开始加针，方法为12-1-2，16行平坦，织100行开始收袖窿，方法为平收5针，2-1-6，4-1-1，两边各减12针，织54行，后领中间平收44针，两边减针2-2-2，两边肩部各留22针。

3. 两个前片编织方法相同，方向相反，起63针，编织花样A4行，开始编织花样B36行，同时在侧缝处减针及加针，方法跟后片相同，织100行侧缝那边收袖窿，方法跟后片相同，靠领襟这边织到144行收领子，领边收针方法为平收16针，1-1-5，2-1-3，4-1-2，两边各减26针，肩部留22针，跟后片肩部相对收针。

4. 袖片编织，袖口起72针，编织花样A4行，开始编织花样B36行，侧缝为直的，不加减，织116行后收袖山，收针方法为平收5针，2-2-3，2-1-3，2-2-2，织48行余36针，收针。

5. 衣片和袖片的缝合，将前片和后片的侧缝缝合，再将袖片跟衣服缝合。

6. 领襟编织，在前片衣襟挑144针，领边挑50针，后领挑55针，另一侧挑针方法相同，织花样A4行，右边门襟平均留9个扣眼收针。

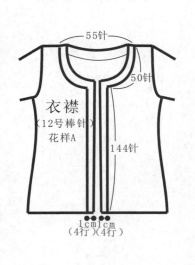

55针

50针

衣襟
（12号棒针）
花样A

144针

1cm1cm
（4行）（4行）

花样A
搓板针

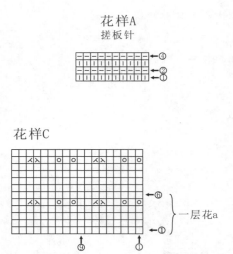

花样C

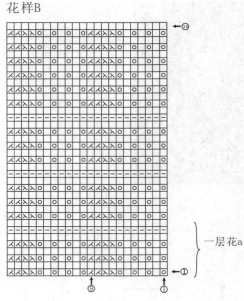

花样B

一层花a

一层花a

· ·

知性蓝色长款开衫

成品规格：衣长72cm，衣宽46cm，肩宽32cm，袖长59cm，袖宽20cm
工　　具：10号棒针
编织密度：32针×36行=10cm²
材　　料：蓝色丝光棉线500g，扣子5枚

符号说明	
□	上针
□=Ⅰ	下针
2-1-3	行-针-次
↑	编织方向
区	右上2针并1针
区	左上2针并1针
⊙	镂空针

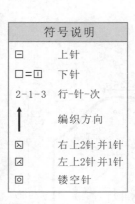

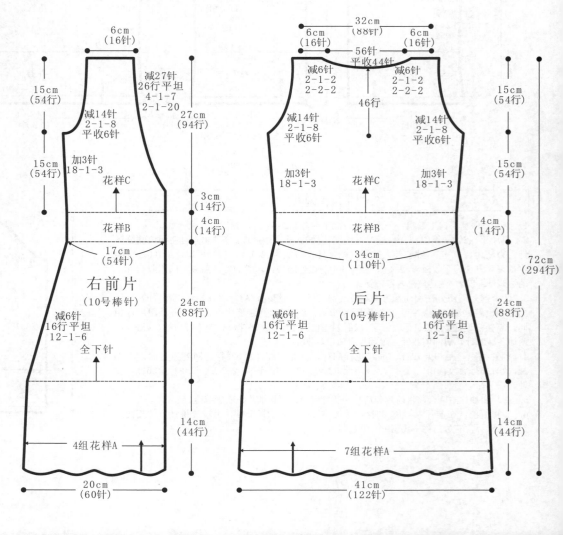

右前片图：
6cm（16针）
15cm（54行）
15cm（54行）
减27针 26行平坦 4-1-7 2-1-20
27cm（94行）
减14针 2-1-8 平收6针
加3针 18-1-3
花样C
3cm（14行）
4cm（14行）
花样B
17cm（54针）
右前片（10号棒针）
24cm（88行）
减6针 16行平坦 12-1-6
全下针
14cm（44行）
4组花样A
20cm（60针）

后片图：
32cm（88针）
6cm（16针）　6cm（16针）
56针 平收44针
减6针 2-1-2 2-2-2　减6针 2-1-2 2-2-2
46行
减14针 2-1-8 平收6针　减14针 2-1-8 平收6针
加3针 18-1-3　花样C　加3针 18-1-3
花样B
34cm（110针）
后片（10号棒针）
减6针 16行平坦 12-1-6　减6针 16行平坦 12-1-6
全下针
7组花样A
41cm（122针）
15cm（54行）
15cm（54行）
4cm（14行）
72cm（294行）
24cm（88行）
14cm（44行）

制作说明

1. 棒针编织法，由前片2片、后片1片、袖片2片组成。从下往上织起。

2. 前片的编织。由右前片和左前片组成，以右前片为例。起针，下针起针法，起60针，编织花样A，不加减针，织44行的高度，袖窿以下的编织，第45行起，全织下针，并在侧缝上进行减针编织。12-1-6，不加减针，再织16行后，余下54针，改织花样B，织14行，下一行起，改织花样C，织成14行时，开始进行前衣领边减针，2-1-20，4-1-7，不加减针，再织26至肩部，而侧缝进行加针编织，18-1-3，织成54行的高度，至袖窿。袖窿以上的编织，左侧减针，先收针6针，然后每织2行减1针，共减8次，然后不加减针往上织，与衣领减针同步进行，当织成袖窿算起54行的高度时，至肩部，余下16针，收针断线。相同的方法，相反的方向去编织左前片。

3. 后片的编织。下针起针法，起122针，编织花样A，不加减针，织44行的高度。然后第45行起，全织下针，并在侧缝上进行减针，

12-1-6，再织16行后，改织花样B，织14行，下一行再改织花样C，两边进行加针，18-1-3，织成54行后，至袖窿，然后袖窿起减针，方法与前片相同。当织成袖窿算起46行时，下一行中间将44针收针收掉，两边相反方向减针，2-2-2，2-1-2，两肩部余下16针，收针断线。

4. 袖片的编织。袖片从袖口起织，下针起针法，起66针，起织花样B，不加减针，往上织84行的高度，第85行起，分配成花样C编织，不加减针，编织80行的高度，至袖山，并进行袖山减针，每织2行减1针，共减25次，织成50行，最后余下4针，收针断线。相同的方法去编织另一袖片。

5. 拼接，将前片的侧缝与后片的侧缝对应缝合，将前后片的肩部对应缝合；再将两袖片的袖山边线与衣身的袖窿边对应缝合。

6. 最后沿着前后衣领边和两侧衣襟边，挑针编织花样D，共6行，右边门襟留5个扣眼完成后，收针断线。

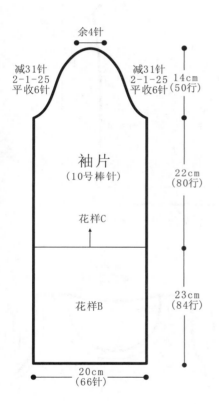

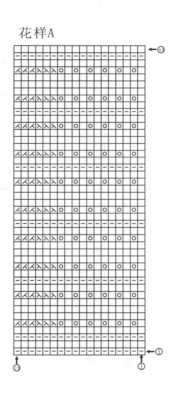

花样A

花样B

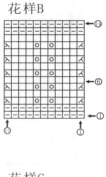

花样C

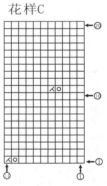

花样D

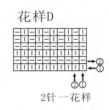

2针一花样

修身小背心

成品规格：衣长47cm，胸围78cm
工　　具：9号棒针、10号棒针
编织密度：25.4针×33.7行=10cm²
材　　料：羊毛线250g，黑色少许

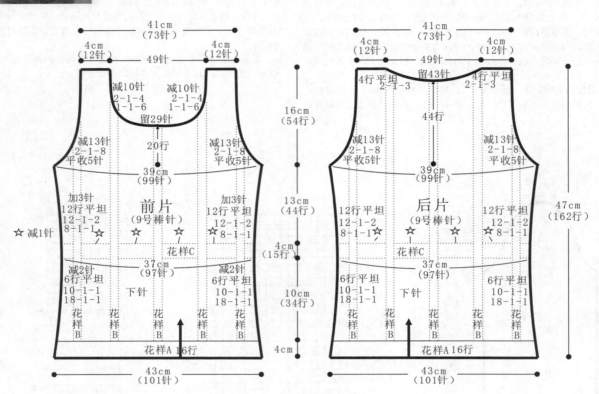

前片（9号棒针）
41cm（73针）
4cm（12针）　49针　4cm（12针）
减10针 2-1-4 1-1-6
留29针
减13针 2-1-8 平收5针
39cm（99针）
20行
加3针 12行平坦 12-1-2 8-1-1
☆减1针
花样C
37cm（97针）
减2针 6行平坦 10-1-1 18-1-1
下针
花样B
花样A 16行
43cm（101针）
16cm（54行）
13cm（44行）
4cm（15行）
10cm（34行）
4cm

后片（9号棒针）
41cm（73针）
4cm（12针）　49针　4cm（12针）
留43针
4行平坦 2-1-3
44行
减13针 2-1-8 平收5针
39cm（99针）
加3针 12行平坦 12-1-2 8-1-1
花样C
37cm（97针）
减2针 6行平坦 10-1-1 18-1-1
下针
花样B
花样A 16行
43cm（101针）
47cm（162行）

制作说明

1. 这件衣服从下向上编织，由后片和前片组成。
2. 后片起101针编织花样A16行，之后将针数依次分为8针下针，花样B，15针下针，花样B，15针下针，花样B，15针下针，花样B，15针下针，花样B，8针下针，编织的同时在两边侧缝处减针，方法为18-1-1，10-1-1，6行平坦，织34行织下针的地方改织花样C，并加两条黑色条纹，同时织花样C的地方减1针，共减6针，织15行后两边侧缝加针，8-1-1，12-1-2，两边各加3针将织花样C的地方继续编织下针，织44行开始收袖隆，减针方法为平收5针，2-1-8，两侧各减13针，织44行留后领窝，中间留43针，两边减针方法为2-1-3，4行平坦，两边肩部各留12针。
3. 前片起101针编织花样A16行，然后跟后片相同的方法分针编织，侧缝的加减针和腰间的编织方法都和后片相同，收袖隆后织20行开始留前领窝，中间留29针，两边减针方法为1-1-6，2-1-4，织到与后片相同的行数，两边肩部各留12针。
4. 将前后片肩部相对进行缝合，侧缝处相对进行缝合。
5. 挑织衣领，从后领窝开始挑针，每个针眼挑1针编织花样C4行，用黑线收针。
6. 挑织袖隆边，方法和领子挑针一样，编织花样C4行，用黑线收针。

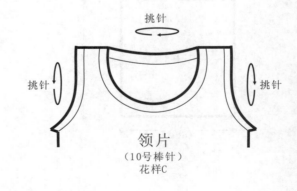

挑针

领片
（10号棒针）
花样C

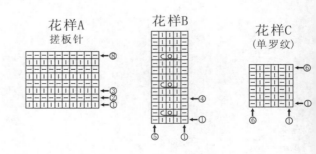

花样A
搓板针

花样B

花样C
（单罗纹）

精致紫色外套

成品规格：衣长56cm，胸围78cm，袖长54cm
工　　具：9号棒针
编织密度：29.3针×40行＝10cm²
材　　料：羊毛线500g，扣子9枚

符号说明	
⊟	上针
□＝回	下针
2-1-3	行-针-次
↑	编织方向
回	镂空针
⫮	穿右针交叉

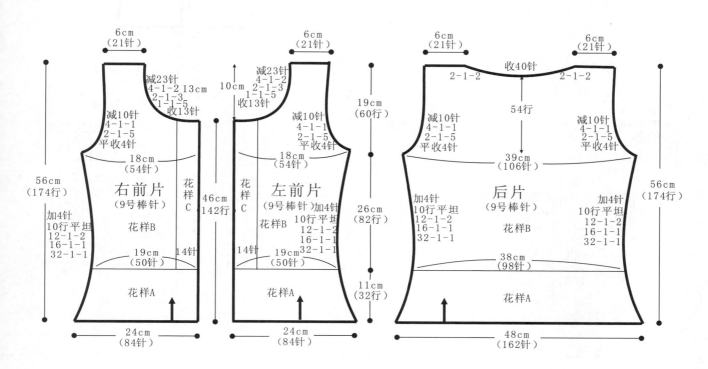

制作说明

1. 整件衣服从下向上编织，分为1个后片、2个前片和2个袖片，领襟和领子另外挑针编织。

2. 后片起162针，编织花样A32行，然后均匀减针至98针，编织花样B82行，两侧侧缝加针如下，32-1-1、16-1-1、12-1-2、10行平坦，收袖窿，方法为平收4针，2-1-5，4-1-1，两边各减10针，织54行，后领中间平收40针，两边减针2-1-2，两边肩部各留21针。

3. 2个前片编织方法相同，方向相反，起84针，编织花样A32行，然后均匀减针至50针，开始编织花样B，在门襟处编织花样C，侧缝减针方法跟后片相同，袖窿收针方法跟后片相同，靠领襟这边织到142行收领子，领边收针方法为平收13针，1-1-5，2-1-3，4-1-2，两边各减23针，肩部留21针，跟后片肩部相对收针。

4. 袖片编织，袖口起84针，编织花样A9行，然后均匀减针至52针，两边侧缝加针，方法为8-1-6，10-1-5，织105行后收袖山，收针方法为平收4针，4-1-1，6-1-4，2-1-5，1-1-8，织52行余30针，收针。

5. 衣片和袖片的缝合，将前片和后片的侧缝缝合，再将袖片跟衣服缝合。

6. 领襟编织，在前片衣襟挑针织搓板针8行收针，右边门襟平均留9个扣眼。领边挑42针，后领挑55针，另一侧挑针方法相同，织搓板针，织3cm收针。

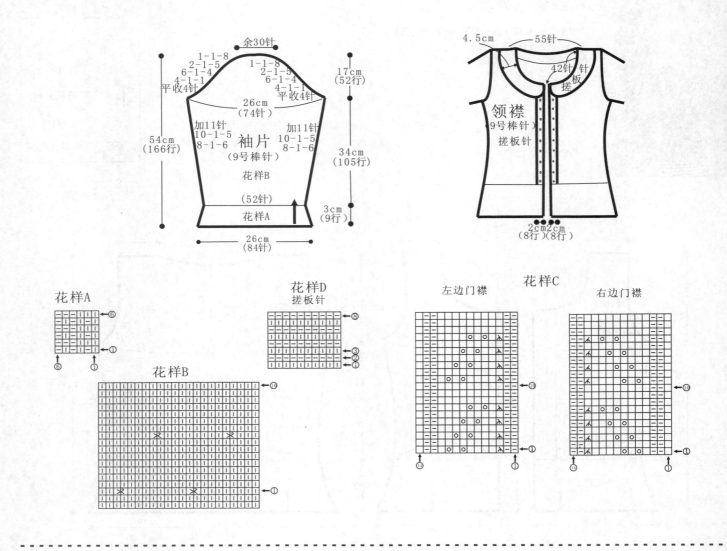

余30针
1-1-8
2-1-5
6-1-4
4-1-1
平收4针
1-1-8
2-1-5
6-1-4
4-1-1
平收4针

17cm
(52行)

54cm
(166行)

26cm
(74针)

加11针
10-1-5
8-1-6
加11针
10-1-5
8-1-6

袖片
（9号棒针）

花样B

34cm
(105行)

（52针）

3cm
(9行)

花样A

26cm
(84针)

4.5cm 55针

42针
板
搓

领襟
（9号棒针）
搓板针

2cm2cm
(8行)(8行)

花样A

花样D
搓板针

左边门襟   花样C   右边门襟

花样B

典雅小外套

成品规格：衣长51cm，胸围74cm，袖长56cm
工　　具：12号棒针
编织密度：40针×48行=10cm²
材　　料：羊毛线600g，扣子12枚

符号说明	
⊟	上针
□=⊡	下针
2-1-3	行-针-次
↑	编织方向
⊡	镂空针
⊠	左并针
⊠	右并针
⊞	2针交叉

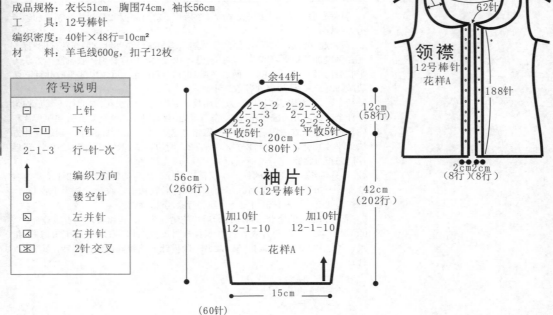

4.5cm 65针

62针

领襟
12号棒针
花样A

188针

12cm
(58行)

2cm2cm
(8行)(8行)

余44针
2-2-2
2-1-3
平收5针
2-2-2
2-1-3
平收5针

20cm
(80针)

袖片
（12号棒针）

42cm
(202行)

加10针
12-1-10
加10针
12-1-10

花样A

15cm

(60针)

56cm
(260行)

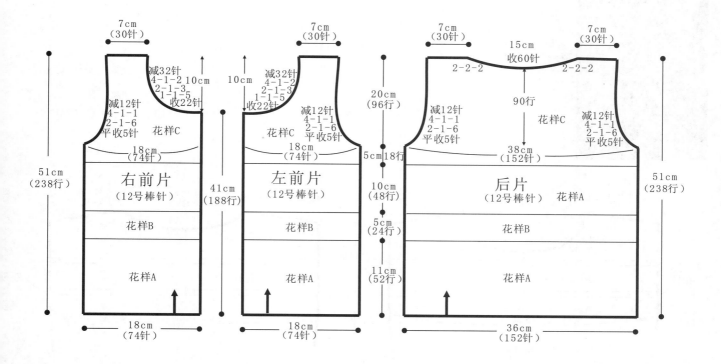

制作说明

1. 整件衣服从下向上编织，分为1个后片、2个前片和2个袖片，领襟和领子另外挑针编织。

2. 后片起152针，编织花样A52行，编织花样B24行，再编织花样A48行，再织花样C18行开始收袖窿，方法为平收5针，2-1-6，4-1-1，两边各减12针，织90行，后领中间平收60针，两边减针2-2-2，两边肩部各留30针。

3. 2个前片编织方法相同，方向相反，起74针，编织花样A52行，开始编织花样B24行，再编织花样A48行，织花样C18行侧缝那边收袖窿，方法跟后片相同，靠领襟这边织到188行收领子，领边收针方法为平收22针，1-1-5，2-1-3，4-1-2，两边各减32针，肩部留30针，跟前片肩部相对收针。

4. 袖片编织，袖口起60针，编织花样A，两边侧缝加针，方法为12-1-10，织202行收袖山，收针方法为平收5针，2-2-3，2-1-3，2-2-2，织58行余44针，收针。

5. 衣片和袖片的缝合，将前片和后片的侧缝缝合，再将袖片跟衣服缝合。

6. 领襟编织，在前片衣襟挑188针，织花样D8行收针，右边门襟平均留12个扣眼。领边挑62针，后领挑65针，另一侧挑针方法相同，织花样A，织4.5cm收针。

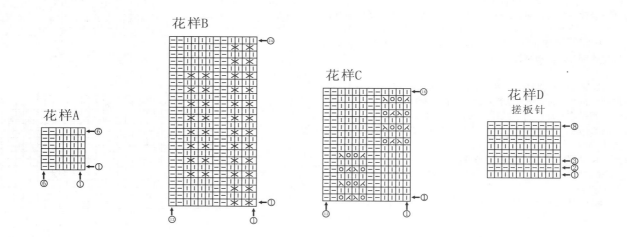

清凉活力装

成品规格：衣长47cm，胸围90cm
工　　具：13号棒针
编织密度：33针×45行=10cm²
材　　料：羊毛线250g

符号说明

⊟	上针
□=①	下针
2-1-3	行-针-次
↑	编织方向
◉	镂空针
⊠	右上2针并1针
⊿	左上2针并1针
⊂◯⊃	铜钱花

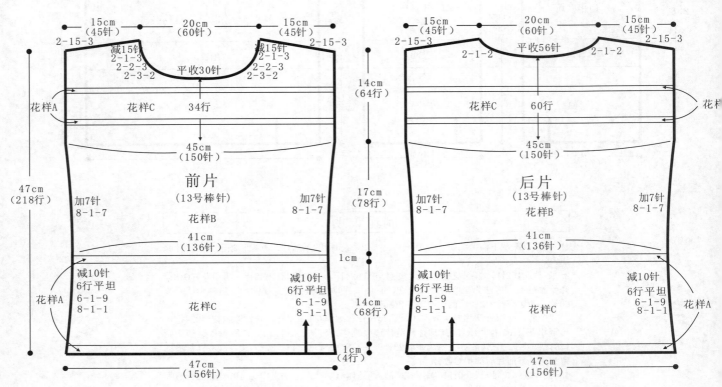

前片（13号棒针）

15cm（45针）　20cm（60针）　15cm（45针）
2-15-3　　　　　　　　　　　　2-15-3
减15针
2-1-1
2-2-3
2-3-2　　平收30针
花样C　34行
45cm（150针）
花样A
花样B
加7针 8-1-7　　　　　加7针 8-1-7
41cm（136针）
减10针 6行平坦 6-1-9 8-1-1
花样C
47cm（156针）
47cm（218行）
14cm（64行）　17cm（78行）　14cm（68行）　1cm　1cm（4行）

后片（13号棒针）

15cm（45针）　20cm（60针）　15cm（45针）
2-15-3　　　　　　　　　　　　2-15-3
2-1-2　　平收56针　　2-1-2
花样C　60行
45cm（150针）
花样B
加7针 8-1-7　　　　　加7针 8-1-7
41cm（136针）
减10针 6行平坦 6-1-9 8-1-1
花样C
47cm（156针）
花样A

制作说明

1. 这件衣服从下向上编织，由后片和前片组成。
2. 后片起156针编织花样A4行，然后编织花样C68行，编织的同时在两边侧缝处减针，方法是8-1-1，6-1-9，6行平坦，再加针，方法为8-1-7，袖窿处为直的，在胸前加一组花样C，以花样A做边，织60行留后领窝，中间平收56针，两边减针方法为2-1-2，两边肩部往返2-15-3，各留45针。
3. 前片起156针编织花样A4行，然后跟后片相同的方法进行花样编织，侧缝的加减针和腰间的编织方法都和后片相同，袖窿后织34行后开始留前领窝，中间平收30针，两边减针方法为2-3-2，2-2-3，2-1-3，织到与后片相同的行数，两边肩部往返2-15-3，各留45针，与后片所留肩部相对，收针。
4. 侧缝缝合，将前片和后片的侧缝对齐缝合。
5. 挑织衣领，从后领窝开始挑针，每个针眼挑1针编织花样A4行，收针。
6. 挑织袖窿边，方法和领子挑针一样，编织花样A4行，收针。

花样A
搓板针

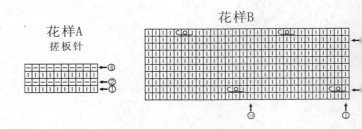

花样B

花样C

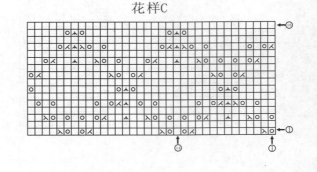

124

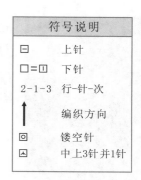

玫红OL风小外套

成品规格：衣长53cm，衣宽44cm，肩宽35cm，袖长52cm
工　　具：10号棒针
编织密度：18针×29行=10cm²
材　　料：玫红色羊毛线600g，扣子5枚

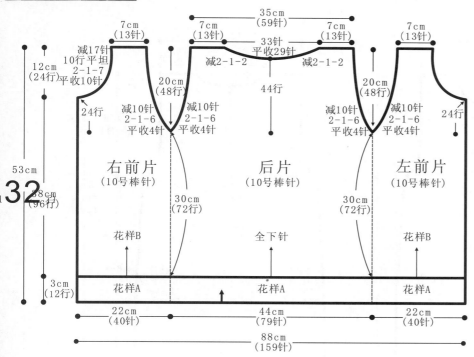

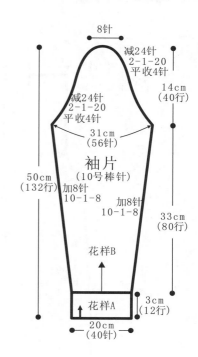

制作说明

1. 棒针编织法，袖窿以下一片编织而成，袖窿以上分成前片、后片各自编织。
2. 袖窿以下的编织。单罗纹起针法，起159针，起织花样A单罗纹针，不加减针，编织12行的高度。下一行起，右前片和左前片各40针，编织花样B，后片编织下针。不加减针，编织72行的高度，至袖窿。
3. 袖窿以上的编织。分成前片和后片。前片的编织。前片40针，袖窿减针，先收针4针，然后减针，2-1-6，当织成袖窿算起24行的高度时，进入前衣领减针，下一行收针10针，再减针，2-1-7，不加减针，再织10行后，至肩部，余下13针，收针断线。后片的编织。后片79针，两侧袖窿减针，方法与前片相同，当织成袖窿算起44行的高度时，进入后衣领减针，下一行中间收针29针，两边相反方向减针，方法为：2-1-2，至肩部，余下13针，收针断线。
4. 拼接，将前后片的肩部对应缝合。
5. 袖片的编织。单罗纹起针法，从袖口起织，40针，起织花样A，织12行，下一行起，编织花样B，并在两袖侧缝上进行加针，10-1-8，织成80行，至袖山减针，两侧同时收针，收4针，然后2-1-20，两边各减少24针，余下8针，收针断线，相同的方法去编织另一边袖片。
6. 衣襟的编织，沿着两边衣襟边，各挑68针，起织花样C，不加减针，织10行的高度后，收针断线，右衣襟制作5个扣眼。左衣襟钉上5个扣子。衣领的编织。沿前后衣领边，挑出110针，编织花样C，织10行后，收针断线。衣服完成。

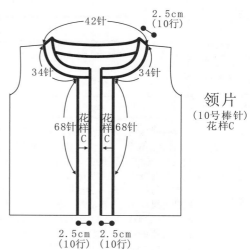

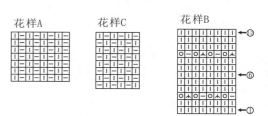

花样A　　　花样C　　　花样B

125

简约绿色打底衫

成品规格：衣长70cm，衣宽36cm，袖长50cm，袖宽29cm
工　　具：10号棒针
编织密度：30.6针×31行=10cm²
材　　料：绿色羊毛线600g

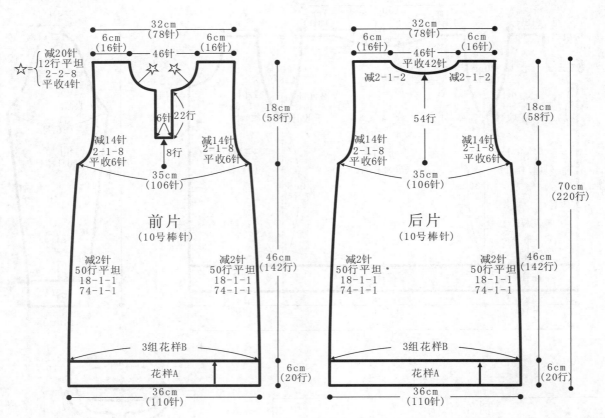

☆=减20针
12行平坦
2-2-8
平收4针

6cm（16针）　32cm（78针）　6cm（16针）
46针
18cm（58行）
6针22行
减14针 2-1-8 平收6针　　8行　　减14针 2-1-8 平收6针
35cm（106针）

前片
（10号棒针）

减2针 50行平坦 18-1-1 74-1-1　　减2针 50行平坦 18-1-1 74-1-1
46cm（142行）

3组花样B
花样A
6cm（20行）
36cm（110针）

6cm（16针）　32cm（78针）　6cm（16针）
46针 平收42针
减2-1-2　　减2-1-2
18cm（58行）
54行
减14针 2-1-8 平收6针　　减14针 2-1-8 平收6针
35cm（106针）

后片
（10号棒针）

减2针 50行平坦 18-1-1 74-1-1　　减2针 50行平坦 18-1-1 74-1-1
46cm（142行）
70cm（220行）

3组花样B
花样A
6cm（20行）
36cm（110针）

制作说明

1. 棒针编织法，由前片1片、后片1片、袖片2片。从下往上编织。
2. 前片的编织。起针，双罗纹起针法，起110针，起织花样A双罗纹针，不加减针，编织20行的高度。继续编织，将110针分配成3组花样B，两侧进行袖窿减针。两侧缝减针，74-1-1，18-1-1，不加减针再织50行后，至袖窿。袖窿以上的编织。两侧进行袖窿减针，各收针6针，然后2-1-8，当织成袖窿算起8行的高度时，下一行的中间收针6针，织片分成两半，各自编织。以右片为例。内侧不加减针，左侧进行袖窿减针，织成22行的高度时，进入前衣领边减针，领边收针4针，然后2-2-8，不加减针再织12行后，至肩部，余下16针，收针断线。相同的方法，相反的减针方法，去编织另一边。
3. 后片的编织。后片袖窿以下织法与前片完全相同，不再重复说明，袖窿减针与前片相同，当织成54行的高度时，下一行作后衣领减针，中间收针42针，两边减针，2-1-2，至肩部余下16针，收针断线。
4. 袖片的编织，单罗纹起针法，起70针，起织花样A，织30行，下一行编织花样B，两袖侧缝进行加针，10-1-10，织成100行，至袖窿减针，两边收针6针，然后2-1-23，织成46行的高度，余下32针，收针断线，相同的方法去编织另一袖片。
5. 拼接，将前片的侧缝与后片的侧缝对应缝合，将前后片的肩部对应缝合，再将两袖片与衣身袖窿线对应缝合。
6. 领片的编织。沿着前后衣领边和前开襟边，不含收针的6针，挑出132针，来回编织，织成12行后，收针断线。将开襟的侧边重叠，与衣身上收针的6针边进行缝合。衣服完成。

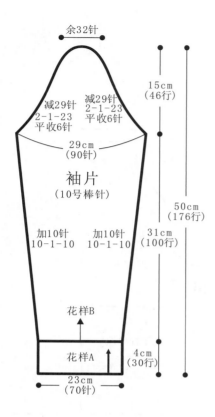

余32针

15cm
(46行)

减29针
2-1-23
平收6针

减29针
2-1-23
平收6针

29cm
(90针)

袖片
(10号棒针)

50cm
(176行)

加10针
10-1-10

加10针
10-1-10

31cm
(100行)

花样B

花样A

4cm
(30行)

23cm
(70针)

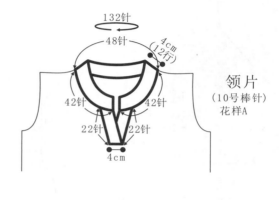

132针

48针

4cm
(12行)

42针   42针

22针   22针

4cm

领片
(10号棒针)
花样A

花样B

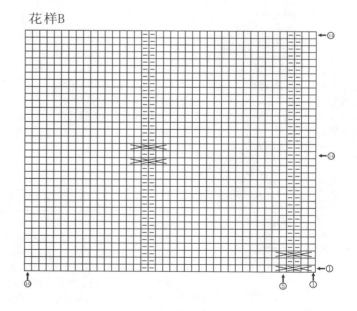

花样A(双罗纹)

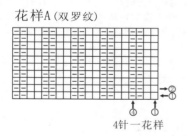

4针一花样

特色翻领针织衫

成品规格：衣长75.5cm，胸围130cm
工　　具：7号棒针，缝衣针
编织密度：24针×32行=10cm²
材　　料：棕色羊绒线300g，扣子6枚

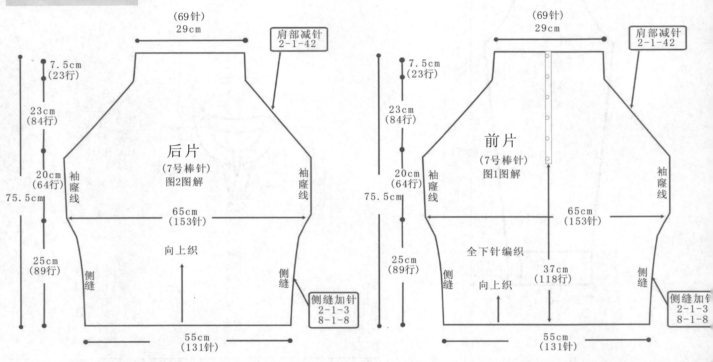

后片
（7号棒针）
图2图解

肩部减针
2-1-42

（69针）
29cm

7.5cm（23行）
23cm（84行）
20cm（64行）
75.5cm
25cm（89行）

袖窿线

65cm（153针）
向上织
侧缝

55cm（131针）

侧缝加针
2-1-3
8-1-8

前片
（7号棒针）
图1图解

肩部减针
2-1-42

（69针）
29cm

7.5cm（23行）
23cm（84行）
20cm（64行）
75.5cm
25cm（89行）

袖窿线

65cm（153针）
全下针编织
37cm（118行）
向上织
侧缝

55cm（131针）

侧缝加针
2-1-3
8-1-8

后片制作说明

1. 后片为一片编织。从衣摆起织，往上编织至肩部。
2. 起131针编织单罗纹针，共编织18行，从19行开始衣片两侧加针，方法顺序为8-1-8，2-1-3，后身片侧加针的针数为11针，加针后，不加减针往上编织，袖窿边的花样有所不同，详细图解见图1，至45cm的高度后，从袖窿边两侧同时减针，减针方法为2-1-42。最后余69针不加减继续编织，第259行后，收针断线。

前片制作说明

1. 前片为一片编织。从衣摆起织，往上编织至肩部。
2. 起131针编织单罗纹针，共编织18行，从19行开始衣片两侧加针，方法顺序为8-1-8，2-1-3，前身片侧加针的针数为11针，加针后，不加减针往上编织，袖窿边的花样有所不同，详细图解见图1，至45cm的高度后，从袖窿边两侧同时减针，减针方法为2-1-42，编织到第118行时，从织片的中间平收8针，详细编织图解见图解1。

衣领制作说明

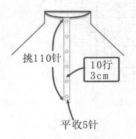

挑110针
10行
3cm
平收5针

1. 衣领是单片编织。
2. 沿一侧领边挑针起织领片，挑出的针数，要比衣领沿边的针数稍多些，然后按照图3的花样起织，共编织10行后，收针断线。
3. 同样的方法再编织另一领片，完成后，将平收针处缝实两片衣领接头。最后在一侧领边钉上扣子。不钉扣子的一侧，要制作相应数目的扣眼，扣眼的编织方法为，在当行收起数针，在下一行重起这些针数，这些针数两侧正常编织。

图3 衣领花样图解

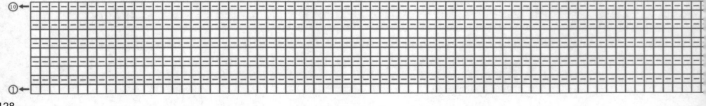

图2 后身片花样图解

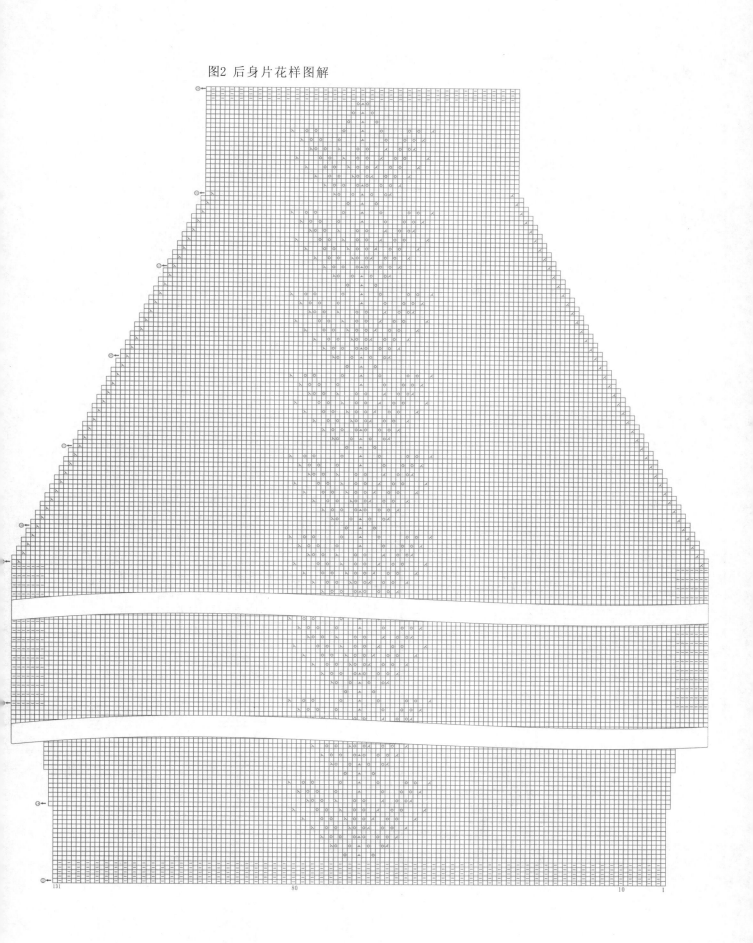

131   80   10   1

图1 前身片花样图解

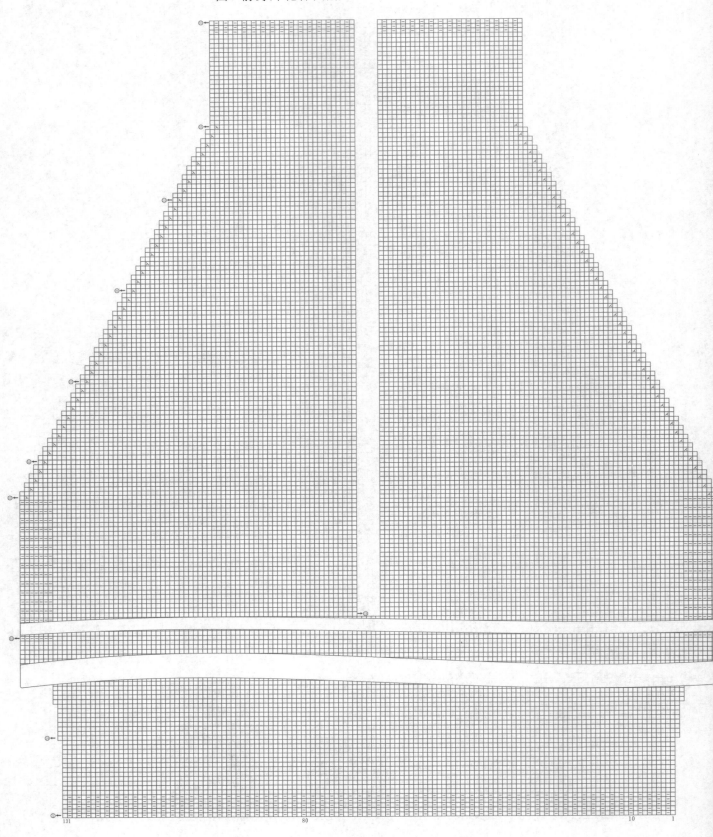

131   80   10 1

卫衣款针织衫

成品规格：衣长66cm，半胸围40cm，肩连袖长54cm
工　　具：10号棒针
编织密度：30.2针×31.2行=10cm²
材　　料：灰色夹花棉线共600g

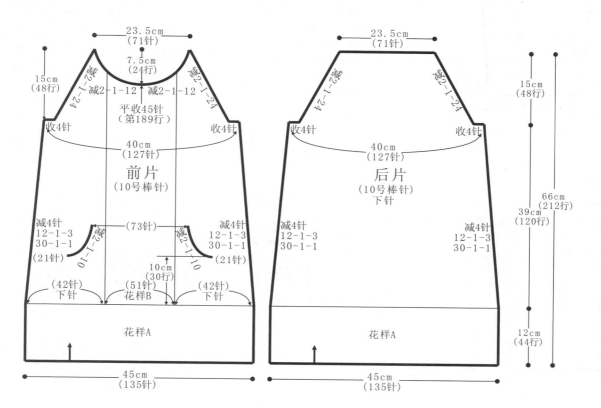

前片/后片制作说明

1. 棒针编织法，衣身片分为前片和后片，分别编织，完成后与袖片缝合而成。

2. 起织后片，双罗纹针起针法起135针，织花样A，织44行，改织全下针，两侧一边织一边减针，方法为30-1-1，12-1-3，织至164行，织片余下127针，左右两侧各收4针，然后减针织成插肩袖窿，方法为2-1-24，织至212行，织片余下71针，收针断线。

3. 起织前片，双罗纹针起针法起135针，织花样A，织44行，改为下针与花样B组合编织，中间织51针花样B，两侧各织42针下针，织至74行，织片两侧各起21针暂时不织，中间93针继续往上编织口袋片，两侧减针，方法为2-1-10，织至94行，织片余下73针，用防解别针扣起暂时不织。

4. 另起线从前片内侧衣摆花样A的上边沿挑针起织，挑起135针织全下针，两侧一边织一边减针，方法为30-1-1，12-1-3，织至94行，第95行将口袋片留起的73针与织片对应合并编织，织至164行，织片余下127针，左右两侧各收4针，然后减针织成插肩袖窿，方法为2-1-24，织至188行，第189行中间平收45针，两侧减针织成前领，方法为2-1-12，织至212行，两侧各余下1针，收针断线。

5. 将前片与后片的侧缝缝合，前片及后片的插肩缝对应袖片的插肩缝缝合。

6. 沿口袋两侧袋口边沿挑针织花样A，织6行后，双罗纹针收针法收针断线。

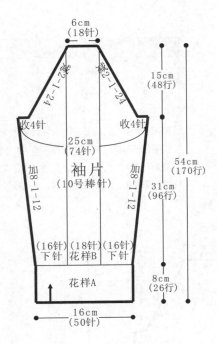

6cm
(18针)

15cm
(48行)

减2-1-24

减2-1-24

收4针　　收4针

25cm
(74针)

袖片
(10号棒针)

54cm
(170行)

加8-1-12　　加8-1-12

31cm
(96行)

(16针)　(18针)　(16针)
下针　　花样B　　下针

花样A

8cm
(26行)

16cm
(50针)

袖片制作说明

1. 棒针编织法，编织两片袖片。从袖口起织。
2. 双罗纹针起针法，起50针，织花样A，织26行后，改为下针与花样B组合编织，中间织18针花样C，两侧各织16针下针，一边织一边两侧加针，方法为8-1-12，织至122行，织片变成74针，两侧各平收4针，接着减针编织插肩袖山，方法为2-1-24，织至170行，织片余下18针，收针断线。
3. 同样的方法编织另一袖片。
4. 将两袖片侧缝对应缝合。

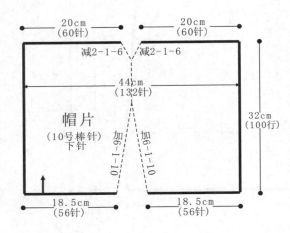

20cm
(60针)

20cm
(60针)

减2-1-6　　减2-1-6

44cm
(132针)

帽片
(10号棒针)
下针

32cm
(100行)

加6-1-10

加6-1-10

18.5cm
(56针)

18.5cm
(56针)

帽片制作说明

1. 棒针编织法，一片往返编织完成。
2. 沿前后领口挑起112针，织全下针，选取织片中间2针作为帽版对称缝，两侧加针，方法为6-1-10，织至60行，不再加减针，织至88行，对称缝两侧减针，方法为2-1-6，织至100行，织片余下120针，收针，将帽顶缝合。

花样A（双罗纹）

②
①

④ ①

4针一花样

花样C

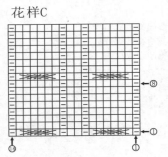

⑧

①

花样B

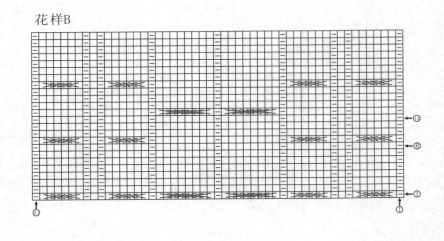

条纹修身连衣裙

成品规格：衣长82cm，半胸围37cm，袖片长17cm
工　　具：12号棒针
编织密度：48针×51行=10cm²
材　　料：蓝色、灰色、深蓝色毛线各80g，白色500g

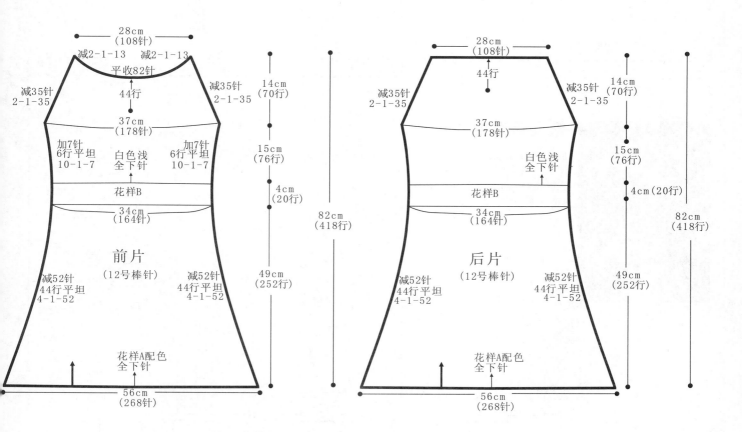

前片
（12号棒针）

28cm
（108针）

减2-1-13　　减2-1-13
平收82针
14cm（70行）
减35针　　44行　　减35针
2-1-35　　　　　2-1-35
37cm（178针）
加7针　白色浅　加7针　15cm（76行）
6行平坦　全下针　6行平坦
10-1-7　　　　10-1-7
花样B　4cm（20行）
34cm（164针）
82cm（418行）
减52针　　　减52针
44行平坦　　44行平坦
4-1-52　　　4-1-52
49cm（252行）
花样A配色
全下针
56cm（268针）

后片
（12号棒针）

28cm（108针）
44行
减35针　　减35针　14cm（70行）
2-1-35　　2-1-35
37cm（178针）
白色浅　15cm（76行）
全下针
花样B　4cm（20行）
34cm（164针）
82cm（418行）
减52针　　减52针
44行平坦　44行平坦
4-1-52　　4-1-52
49cm（252行）
花样A配色
全下针
56cm（268针）

制作说明

1. 棒针编织法，由前片1片、后片1片、袖片2片组成。从下往上编织。
2. 前片的编织。一片织成。起针，下针起针法，起268针，全织下针，并依照花样A进行配色编织。两侧缝上进行减针，4-1-52，不加减针，再织44行，完成配色编织，余下164针，以上全用白色线编织。改织花样B，织成20行，而后全织下针，两侧缝上加针，10-1-7，再织6行后，至袖窿。袖窿以上的编织，两侧同时减针，2-1-35，当织成袖窿算起44行的高度时，织片中间平收掉82针，然后两边每织2行减1针，共减13次，与袖窿减针同步进行，直至余下1针，收针断线。
3. 后片的编织。袖窿以下的织法与前片完全相同，然后袖窿起减针，方法与前片相同。当袖窿以上织成70行时，将所有的针数收针。
4. 袖片的编织。袖片从袖口起织，下针起针法，用深蓝色线，起110针，织花样B单罗纹针，织4行。而后改用白色线织下针，不加减针，往上织12行的高度，第17行起，两边袖侧缝进行减针，2-1-35，最后余下40针，收针断线。相同的方法去编织另一袖片。
5. 拼接，将前片的侧缝与后片的侧缝对应缝合，再将两袖片的袖山边线与衣身的袖窿边对应缝合。
6. 领片的编织。沿着前后领边，挑出286针，用深蓝色线，起织花样B双罗纹针，不加减针织4行的高度，收针断线。衣服完成。

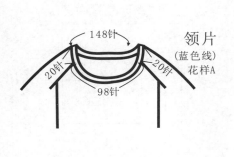

领片
(蓝色线)
花样A

148针
20针　20针
98针

袖片
(12号棒针)

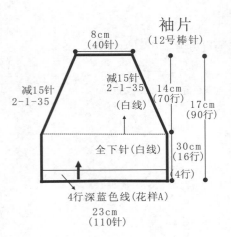

8cm
(40针)

减15针
2-1-35
(白线)

减15针
2-1-35

14cm
(70行)

17cm
(90行)

全下针(白线)

30cm
(16行)

(4行)

4行深蓝色线(花样A)

23cm
(110针)

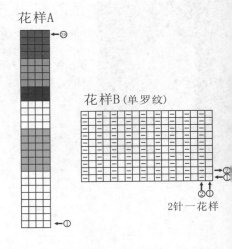

花样A

花样B(单罗纹)

2针一花样

精致套头衫

成品规格：衣长54cm，半胸围38cm，袖长66cm
工　具：10号棒针，12号棒针
编织密度：27.3针×31.8行=10cm²
材　料：砖红色棉线600g

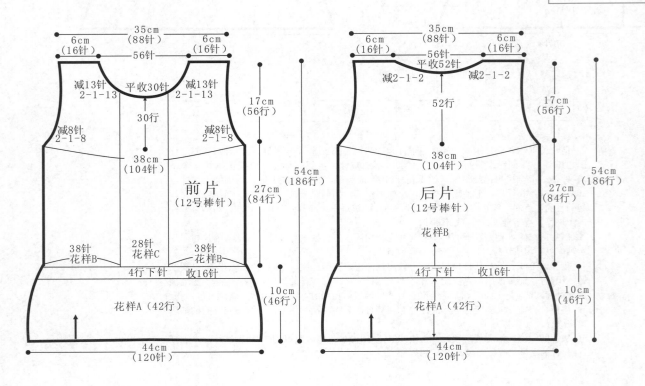

35cm
(88针)
6cm
(16针)
6cm
(16针)
56针

减13针
2-1-13
平收30针
减13针
2-1-13

30行

17cm
(56行)

减8针
2-1-8
减8针
2-1-8

38cm
(104针)

前片
(12号棒针)

27cm
(84行)

54cm
(186行)

38针
花样B
28针
花样C
38针
花样B

4行下针　收16针

花样A（42行）

10cm
(46行)

44cm
(120针)

35cm
(88针)
6cm
(16针)
6cm
(16针)
56针
平收52针

减2-1-2
减2-1-2

52行

17cm
(56行)

38cm
(104针)

后片
(12号棒针)

花样B

27cm
(84行)

54cm
(186行)

4行下针　收16针

花样A（42行）

10cm
(46行)

44cm
(120针)

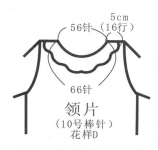

5cm
（16行）
56针

66针

领片
（10号棒针）
花样D

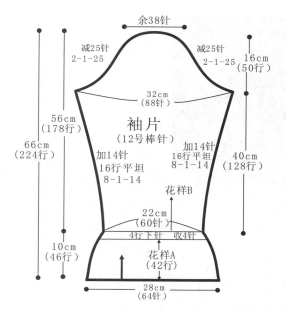

余38针

减25针
2-1-25

减25针
2-1-25

16cm
（50行）

32cm
（88针）

56cm
（178行）

66cm
（224行）

袖片
（12号棒针）

加14针
16行平坦
8-1-14

加14针
16行平坦
8-1-14

40cm
（128行）

花样B

22cm
（60针）

4行下针　收4针

10cm
（46行）

花样A
（42行）

28cm
（64针）

制作说明

1. 棒针编织法，由前片1片、后片1片、袖片2片组成。从下往上织起。

2. 前片的编织。一片织成。起针，下针起针法，起120针，编织花样A，不加减针，织42行的高度，而后改织下针共4行，完成衣摆编织。下一行起收16针，依照结构图分配的花样针数进行编织，不加减针，编织84行的高度，至袖窿。袖窿以上的编织。下一行起，两侧同时减针，每织2行减1针，共减8次，然后不加减针往上织，织成袖窿算起的30行时，进行领边减针，织片中间平收掉30针，然后两边每织2行减1针，共减13次，至肩部，余下16针，收针断线。

3. 后片的编织。下针起针法，起120针，编织花样A，不加减针，织42行的高度，而后织4行下针，第47行起，全织花样B，不加减针往上编织成84行的高度，至袖窿，然后袖窿起减针，方法与前片相同。当袖窿以上织成52行时，下一行中间收针52针，两边减针，2-1-2，肩部余下16针，收针断线。

4. 袖片的编织。袖片从袖口起织，下针起针法，起64针，分配成花样A，不加减针，往上织42行的高度，再织4行下针。下一行起收4针，全织花样B，两边袖侧缝进行加针，每织8行加1针，共加14次，再织16行，至袖窿。下一行起进行袖山减针，两边同时减针，然后每织2行减1针，共减25次，织成50行，最后余下38针，收针断线。相同的方法去编织另一袖片。

5. 拼接，将前片的侧缝与后片的侧缝对应缝合，将前后片的肩部对应缝合，再将两袖片的袖山边线与衣身的袖窿边对应缝合。

6. 领片的编织，用10号棒针织，沿着前后领边，挑出122针，起织花样D搓板针，不加减针织16行的高度，收针断线。衣服完成。

花样A

花样B

花样C

花样D（搓板针）

2针一花样

135

复古连衣裙

成品规格： 衣长108cm，胸围80cm，袖长63cm，肩宽33cm
工　　具： 7号棒针
编织密度： 22针×22行=10cm²
材　　料： 黄色羊毛线1000g

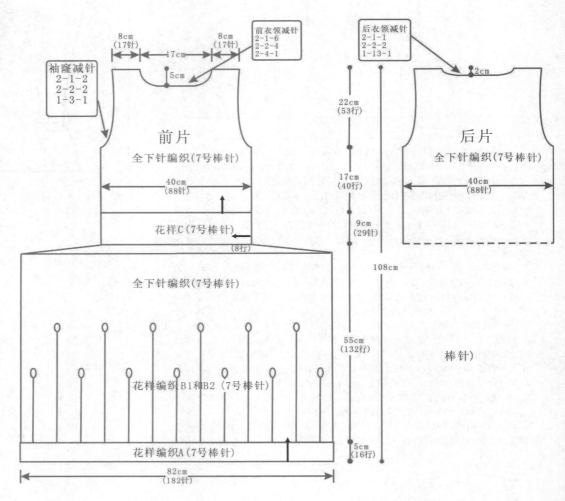

符号说明	
⊟	上针
□=⊡	下针
2-1-3	行-针-次
⋀	中上3针并1针
⊠	交叉，左边1针在上
⊠	交叉，右边1针在上
⧓	2针交叉，右边2针在上
⧓	2针交叉，左边2针在上
⊡⊡⊡	铜钱花

前片/后片制作说明

1. 先织裙子。从裙摆起往上织，起182针（82cm）不加减针圈织，织花样A，每14针16行一个花样，共织13个花样。

2. 第17行开始编织花样B1和B2，花样B1每3针76行一个花样，花样B2每3针116行一个花样，花样B1和B2交替编织，中间间隔11针的下针，编织完一个花样后，开始全下针编织，共织至57cm时，每两针并一针继续编织全下针，再编织8行收针断线。

3. 编织腰带。腰带为横向编织，起29针，编织方法如花样C，每29针24行一个花样，编织11个花样，共264行，与织起处对应缝合。再将腰带与裙摆缝合。

4. 编织上身片。上身片分前片和后片，分别编织，先编织后片，起织88针，全下针往上编织，织17cm后，开始袖窿减针，方法顺序为1-3-1，2-2-2，2-1-2，后片的袖窿减少针数为9针。减针后，不加减针往上编织至20cm的高度后，开始后领口减针，衣领侧减针方法为1-13-1，2-2-2，2-1-1，最后两侧的针数余下17针，收针断线。

5. 前身片的编织方法与后身片相同，袖窿减针方法与后身片相同，织到17cm的高度后，开始前领口减针，衣领侧减针方法为2-4-1，2-2-4，2-1-6，最后两侧的针数余下17针，收针断线。

6. 前身片完成后，将前身片的侧缝与后身片的侧缝对应缝合，再将两肩部对应缝合。

7. 衣身缝合后，挑织衣领，挑出来的针数要比衣领原边的针数稍多些，编织双罗纹针，共编织22cm后，收针断线。

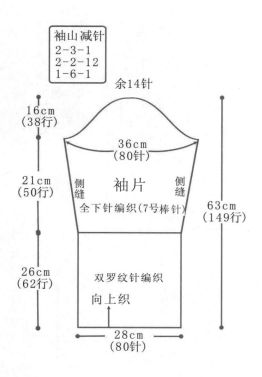

袖山减针
2-3-1
2-2-12
1-6-1

余14针

16cm
(38行)

36cm
(80针)

21cm
(50行)

侧缝 袖片 侧缝

全下针编织(7号棒针)

63cm
(149行)

26cm
(62行)

双罗纹针编织

向上织

28cm
(80针)

袖片制作说明

1. 两片衣袖片，分别单独编织。
2. 从袖口起织，起80针编织双罗纹针，不加减针编织26cm后，开始全下针编织，编织21cm。
3. 袖山的编织：从第一行起要减针编织，两侧同时减针，减针方法如图：依次1-6-1，2-2-12，2-3-1，最后余下14针，直接收针后断线。
4. 同样的方法再编织另一衣袖片。
5. 将两袖片的袖山与衣身的袖窿线边对应缝合，再缝合袖片的侧缝。

花样A

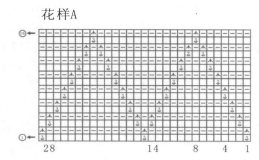

28   14   8   4   1

花样B2   花样B1

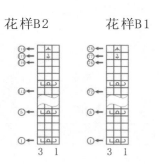

3 1   3 1

花样C

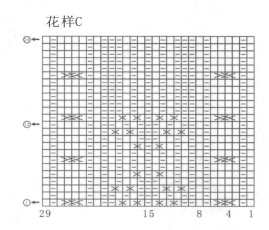

29   15   8   4   1

可爱短袖衫

成品规格：衣长30cm，半胸围40cm，肩连袖长9cm

工　　具：12号棒针

编织密度：42.6针×52.7行=10cm²

材　　料：黑色羊绒线300g，白色羊绒线30g，亮扣8枚

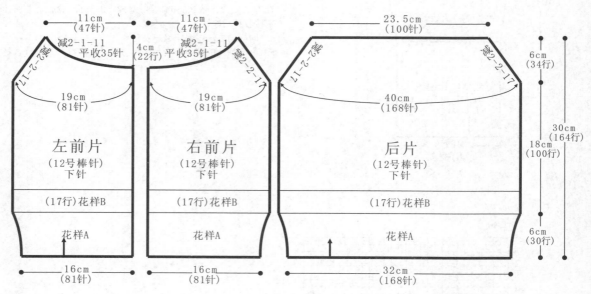

左前片
(12号棒针)
下针
(17行)花样B
花样A

右前片
(12号棒针)
下针
(17行)花样B
花样A

后片
(12号棒针)
下针
(17行)花样B
花样A

11cm(47针)　11cm(47针)　23.5cm(100针)

减2-1-11　平收35针　4cm(22行)　平收35针　减2-1-11

减2-2-17　减2-2-17

19cm(81针)　19cm(81针)　40cm(168针)

6cm(34行)　30cm(164行)　18cm(100行)　6cm(30行)

16cm(81针)　16cm(81针)　32cm(168针)

前片/后片制作说明

1. 棒针编织法。衣身片分为前片和后片分别编织，完成后与袖片缝合而成。

2. 起织后片。黑色线双罗纹针起针法起168针，织花样A，织30行，改为黑色线与白色线组合编织花样B，织至47行，全部改为黑色线编织，织至130行，两侧减针织成插肩袖窿，方法为2-2-17，织至164行，织片余下100针，留针待织衣领。

3. 起织左前片。黑色线双罗纹针起针法起81针，织花样A，织30行，改为黑色线与白色线组合编织花样B，织至47行，全部改为黑色线编织，织至130行，左侧减针织成插肩袖窿，方法为2-2-17，织至142行时，衣领侧减针，方法为平收35针，2-1-11，留针待织衣领。

4. 同样的方法相反方向编织右前片，完成后将左右前片与后片的侧缝对应缝合。

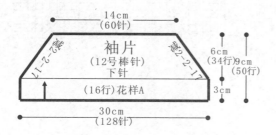

袖片
(12号棒针)
下针
(16行)花样A

14cm(60针)

减2-2-17　减2-2-17

6cm(34行)　9cm(50行)

3cm

30cm(128针)

袖片制作说明

1. 棒针编织法，编织两片袖片。从袖口起织。

2. 双罗纹针起针法，起128针，织花样A，织16行后，改织全下针，两侧减针织成袖山，方法为2-2-17，织至50行，织片余下60针，留针待织衣领。

3. 同样的方法编织另一袖片。

4. 将两袖侧缝对应缝合。

花样A（双罗纹）

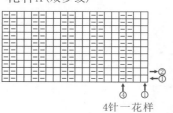

4针一花样

花样B

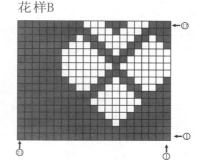

花样C

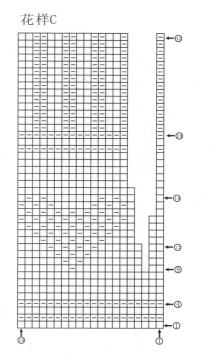

挑起314针　8cm（42行）

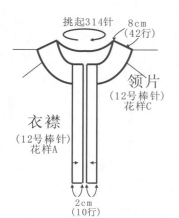

领片
（12号棒针）
花样C

衣襟
（12号棒针）
花样A

2cm
（10行）

领片、衣襟制作说明

1. 棒针编织法往返编织，先编织衣领。
2. 沿领口挑起314针织花样C，一边织一边分散减针，方法如花样C图解所示，共织42行，收针断线。
3. 编织两侧衣襟。沿边挑起114针织花样A，织10行后收针断线。注意左侧衣襟均匀留起8个扣眼。

迷人淑女装

成品规格：衣长72cm，衣宽46cm，肩宽32cm，袖长18cm，袖宽20cm
工　　具：10号棒针
编织密度：花样C：32针×36行=10cm²
材　　料：豆沙红色丝光棉线500g，扣子5枚

余4针

减31针
2-1-25
平收6针

袖片
（10号棒针）

减31针
2-1-25
平收6针

14cm
（50行）

花样C

花样B

4cm
（14行）

20cm
（66针）

符号说明	
⊡	上针
□=①	下针
2-1-3	行-针-次
↑	编织方向
⊠	右上2针并1针
⊠	左上2针并1针
◉	镂空针

花样A

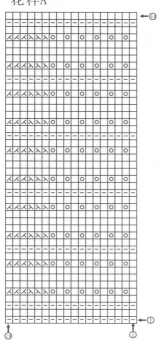

花样B

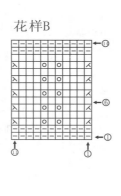

花样C

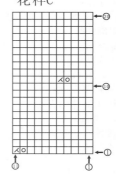

花样D

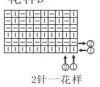

2针一花样

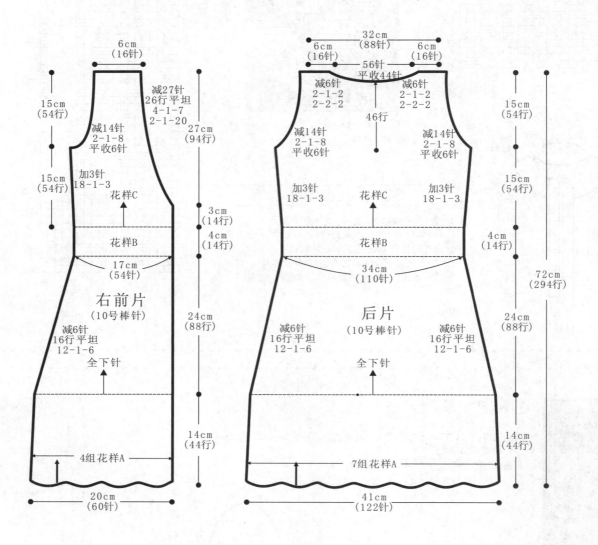

右前片（10号棒针）

6cm（16针）

15cm（54行）

15cm（54行）

减14针 2-1-8 平收6针

加3针 18-1-3

减27针 26行平坦 4-1-7 2-1-20

27cm（94行）

3cm（14行）

花样C

花样B

4cm（14行）

17cm（54针）

24cm（88行）

减6针 16行平坦 12-1-6

全下针

14cm（44行）

4组花样A

20cm（60针）

后片（10号棒针）

32cm（88针）

6cm（16针）　6cm（16针）

56针 平收44针

减6针 2-1-2 2-2-2

减6针 2-1-2 2-2-2

46行

减14针 2-1-8 平收6针

减14针 2-1-8 平收6针

加3针 18-1-3

加3针 18-1-3

花样C

花样B

34cm（110针）

减6针 16行平坦 12-1-6

减6针 16行平坦 12-1-6

全下针

7组花样A

41cm（122针）

15cm（54行）

15cm（54行）

4cm（14行）

72cm（294行）

24cm（88行）

14cm（44行）

制作说明

1. 棒针编织法，由前片2片、后片1片、袖片2片组成。从下往上织起。
2. 前片的编织。由右前片和左前片组成，以右前片为例。起针，下针起针法，起60针，编织花样A，不加减针，织44行的高度，袖窿以下的编织，第41行起，全织下针，并在侧缝上进行减针编织。12-1-6，不加减针，再织16行后，余下54针，改织花样B，织14行，下一行起，改织花样C，织成14行时，开始进行前衣领边减针，2-1-20，4-1-7，不加减针，再织26行至肩部，而侧缝进行加针编织，18-1-3，织成54行的高度，至袖窿。袖窿以上的编织，左侧减针，先收针6针，然后每织2行减针1针，共减8次，然后不加减针往上织，与衣领减针同步进行，当织成袖窿算起54行的高度时，至肩部，余下16针，收针断线。相同的方法，相反的方向去编织左前片。
3. 后片的编织。下针起针法，起122针，编织花样A，不加减针，织

44行的高度。然后第45行起，全织下针，并在侧缝上进行减针，12-1-6，再织16行后，改织花样B，织14行，下一行再改织花样C，两边进行加针，18-1-3，织成54行后，至袖窿，然后袖窿起减针，方法与前片相同。当织成袖窿算起46行时，下一行中间将44针收针收掉，两边相反方向减针，2-2-2，2-1-2，两肩部余下16针，收针断线。
4. 袖片的编织。袖片从袖口起织，下针起针法，起66针，起织花样B，不加减针，往上织14行的高度，第15行起，分配成花样C编织，并进行袖山减针，先平收6针，每织2行减1针，共减25次，织成50行，最后余下4针，收针断线。相同的方法去编织另一袖片。
5. 拼接，将前片的侧缝与后片的侧缝对应缝合，将前后片的肩部对应缝合，再将两袖片的袖山边线与衣身的袖窿对应缝合。
6. 最后沿着前后衣领边和两侧衣襟边，挑针编织花样D，共6行，右边门襟留5个扣眼完成后，收针断线。

红色娃娃装

成品规格： 衣长51cm，胸围144cm，袖长11cm
工　　具： 7号棒针，缝衣针
编织密度： 21针×25.5行=10cm²
材　　料： 红色羊绒线600g，红色大扣子3枚

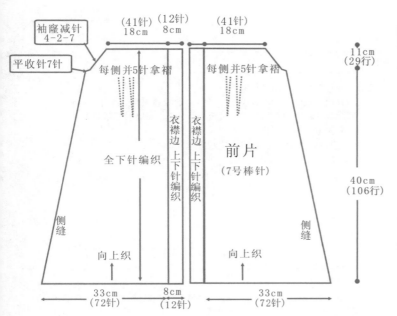

袖窿减针 4-2-7
平收针7针
(41针) 18cm　(12针) 8cm　(41针) 18cm
11cm (29行)
每侧并5针拿褶
衣襟边 上下针编织
前片 (7号棒针)
全下针编织
40cm (106行)
侧缝
向上织　向上织
侧缝
33cm (72针)　8cm (12针)　33cm (72针)

前片制作说明

1. 前片分为两片编织，左片和右片各一片全下针编织，分别在两片相反方向上收针减出袖窿。

2. 起织与后片相同，前片起84针后，来回编织下针形成上下针衣边，共来回编织30行后，往上编织衣身，全部下针编织。门襟处留出12针来回织下针作为门襟边。

3. 编织到分袖窿行数时左右片在中心处留出20针，每10针为一组，分为两组，其中一组的5针用防解别针锁住，5针留在原编织针上，然后将防解别针上的5针与原编织针上的5针对应合并针编织成活褶，详见活褶分解图。同样方法编织完成另一前片的活褶。

4. 袖窿处按4-2-7减针后，不要收针，可用防解别针锁住，左右片相同。

5. 最后在一侧前片领口处钉上扣子。不钉扣子的一侧，要制作相应数目的扣眼，扣眼的编织方法为，在当行收起数针，在下一行重起这些针数，这些针数两侧正常编织。

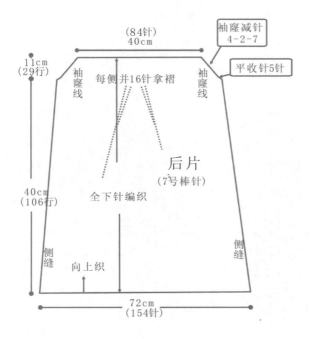

(84针) 40cm
袖窿减针 4-2-7
11cm (29行)
袖窿线　每侧并16针拿褶　袖窿线
平收针5针
后片 (7号棒针)
40cm (106行)
全下针编织
侧缝　向上织　侧缝
72cm (154针)

后片制作说明

1. 后身片为整片编织，从下摆起154针后，来回编织下针形成衣边，往上全部下针编织至袖窿处。

2. 编织到分袖窿行数时后身片在中心处留出32针，每16针为一组，分为二组，其中一组的8针用防解别针锁住，8针留在原编织针上，然后将防解别针上的8针与原编织针上的8针对应合并针编织成活褶，详见活褶分解图。同样方法编织完成另一组活褶。

3. 袖窿处减5针后按4-2-7减针，完成后不要收针，可用防解别针锁住。

4. 整体完成后两侧在衣片的反面沿侧缝缝合。

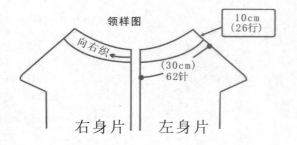

领样图

向右织

10cm
(26行)

(30cm)
62针

右身片　左身片

围领制作说明

1. 连接身片与袖片的袖窿线、袖山缝合。
2. 从右片门襟边处开始挑织上下针围领边，编织到所有袖窿、袖山接缝处时要2针并1针挑织，这样不会留空隙，一直挑织到左门襟边，然后按照领边花样图解开始编织。门襟边仍按原门襟边花样编织，挑织的领边花样要与原门襟边花样一致。
3. 不用加减针完成26行上下针领边后从衣片正面收针完成。

袖片图

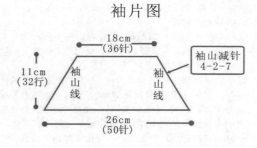

18cm
(36针)

11cm
(32行)

袖山减针
4-2-7

袖山线　袖山线

26cm
(50针)

袖片制作说明

1. 两片袖片，分别单独编织。
2. 袖山的编织：起50针编织下针，不加减针织4行后，两侧同时减针编织，减针方法为4-2-7，减至32行余下22针，然后收针断线。
3. 同样方法再编织另一袖山片。
4. 将两袖山与衣身的袖窿线边对应缝合。

活褶分解图

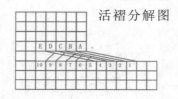

活褶制作说明

1. 以10针为一组。
2. 将1~5号留在原编织针上，6~10号用防解别针锁住，然后将防解别针上的6对应原针上的1合并针编织成A；防解别针上的7对应原针上的2合并针编织成B，以此类推，完成其他合并针。
3. 全部合并完成后继续编织下针，自然形成一个活褶。

领边、门襟边花样图解

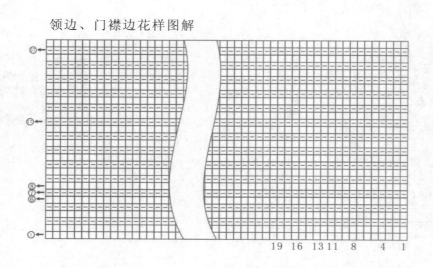

后片花样图解

前片花样图解

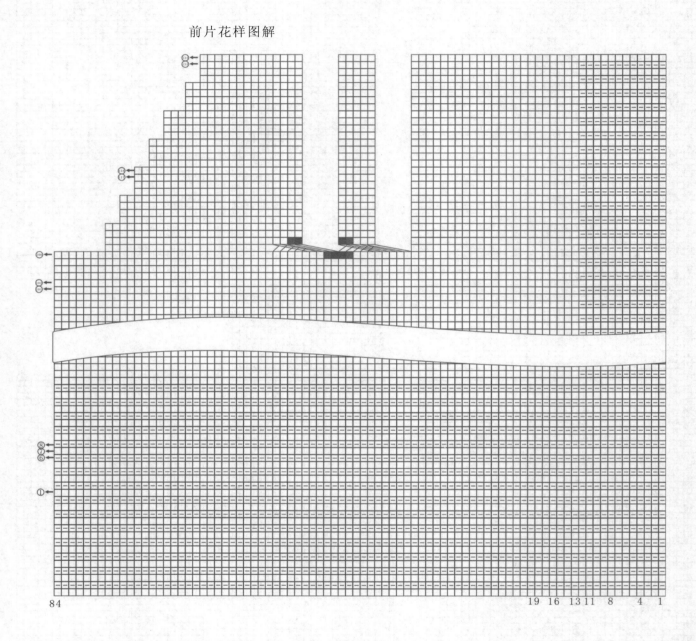

84   19 16 13 11 8   4   1

雅致圆领针织衫

成品规格：衣长48cm，衣宽39cm，肩宽30cm，袖长40cm，袖宽27cm
工　　具：12号棒针
编织密度：36针×41行=10cm²
材　　料：灰色羊毛线500g，白色50g，扣子7枚

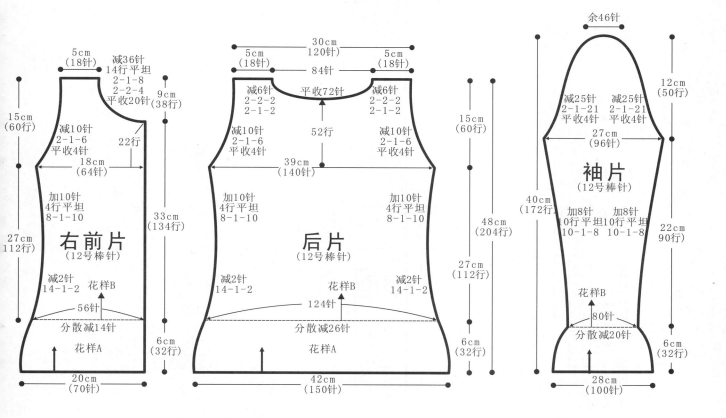

右前片（12号棒针）
后片（12号棒针）
袖片（12号棒针）

制作说明

1. 棒针编织法，由前片2片、后片1片、袖片2片组成。从下往上织起。

2. 前片的编织。由右前片和左前片组成，以右前片为例。起针，下针起针法，用白色线，起70针，编织花样A，不加减针，织32行的高度，其中白色织4行，余下的改用灰色线编织。在最后一行里，分散收针14针，针数余下56针。袖窿以下的编织。第33行起，编织花样B，并在侧缝上进行加减针编织。先是减针，14-1-2，然后加针，8-1-10，不加减针，再织4行后，加针织成64针，织成112行的高度，至袖窿。袖窿以上的编织，左侧减针，先收针4针，然后每织2行减1针，共减6次，然后不加减针往上织，当织成22行时，进入前衣领减针，先收针20针，然后减针，2-2-4，2-1-8，不加减针再织14行后，余下18针，收针断线。相同的方法，相反的方向去编织左前片。

3. 后片的编织。下针起针法，起150针，编织花样A，不加减针，织32行的高度。在最后一行里，分散并针，减少26针，余下124针，然后第33行起，全织花样B，并在侧缝上进行加减针，减针方法与前片相同，织成112行至袖窿，然后袖窿起减针，方法与前片相同。当织成袖窿算起52行时，下一行中间将72针收针收掉，两边

相反方向减针，2-2-2，2-1-2，两肩部余下18针，收针断线。

4. 袖片的编织。袖片从袖口起织，下针起针法，起100针，起织花样A，不加减针，往上织32行的高度，在最后一行里，分散减针减少20针，第33行起，分配成花样B编织，在两袖侧缝进行加针，10-1-8，再织10行，至袖窿，并进行袖山减针，两边收针4针每织2行减1针，共减21次，织成50行，最后余下46针，收针断线。相同的方法去编织另一袖片。

5. 拼接，将前片的侧缝与后片的侧缝对应缝合，将前后片的肩部对应缝合，再将两袖片的袖山边线与衣身的袖窿边对应缝合。

6. 最后分别沿着前后衣领边和两侧衣襟边，先用灰色线，编织4行搓板针，再用白色线，编织4行搓板针。右衣襟制作7个扣眼，左衣襟钉上7个扣子。完成后，收针断线。

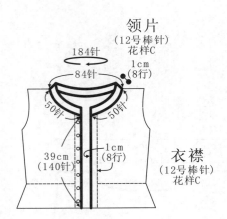

领片
(12号棒针)
花样C

184针

84针

1cm
(8行)

50针   50针

39cm
(140针)

1cm
(8行)

衣襟
(12号棒针)
花样C

花样A

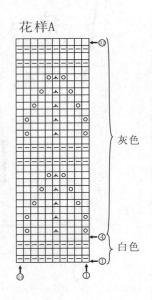

灰色

白色

花样B

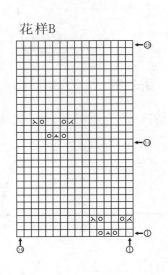

花样C

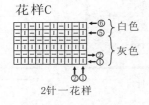

白色

灰色

2针一花样

深V领小背心

成品规格：衣长63cm，胸宽30cm，肩宽31cm
工　　具：12号棒针
编织密度：45.7针×48.6行＝10cm²
材　　料：米白色丝光棉线400g

花样A（搓板针）

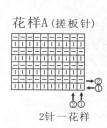

2针一花样

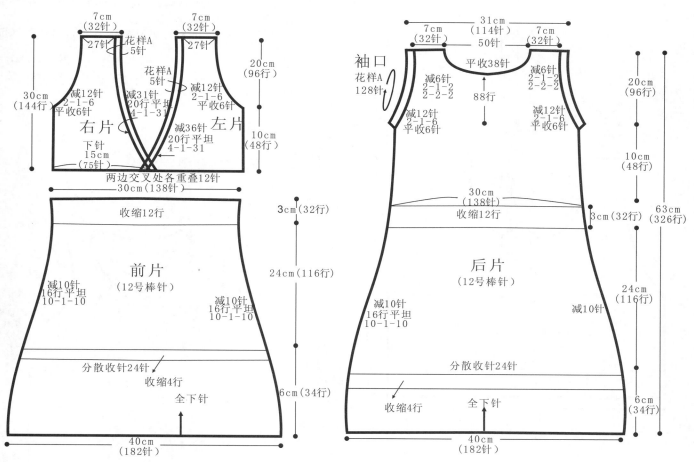

右片　左片
花样A 27针
花样A 5针
减12针 2-1-6 平收6针
减31针 20行平坦 4-1-31
减12针 2-1-6 平收6针
减36针 20行平坦 4-1-31
30cm（144行）
下针 15cm（75针）
7cm（32针）　7cm（32针）
20cm（96行）
10cm（48行）
两边交叉处各重叠12针

前片（12号棒针）
收缩12行
30cm（138针）
3cm（32行）
24cm（116行）
减10针 16行平坦 10-1-10
减10针 16行平坦 10-1-10
分散收针24针
收缩4行
全下针
6cm（34行）
40cm（182针）

袖口
花样A 128针
后片（12号棒针）
31cm（114针）
7cm（32针）　50针　7cm（32针）
平收38针
减6针 2-1-2 2-2-2
减6针 2-1-2 2-2-2
88行
减12针 2-1-6 平收6针
减12针 2-1-6 平收6针
20cm（96行）
10cm（48行）
收缩12行
30cm（138针）
3cm（32行）
24cm（116行）
减10针 16行平坦 10-1-10
减10针
分散收针24针
收缩4行
全下针
6cm（34行）
40cm（182针）
63cm（326行）

制作说明

1. 棒针编织法，由前片、后片组成。从下往上织起。

2. 前片的编织。起针，下针起针法，起182针，全织下针，不加减针，编织34行的高度。在最后一行里，分散收针24针，并将最后一行与倒数第8行对折缝合。继续编织下针，并在两边侧缝进行减针，10-1-10，织成100行，不加减针再织16行，进入收缩行数织法。先编织8行，折向内侧缝合这8行，然后织4行下针。重复这步做法，进行3次。这样形成3层收缩行。下一行起，分成左片与右片各自编织，先织左片。从右往左，选取75针，来回编织，左侧5针编织花样A搓板针，余下的全织下针，并在搓板针之内的第1针上进行减针编织，4-1-31，侧缝不加减针，织成48行时，侧缝进行袖窿减针，先收针6针，然后2-1-6，往上不再加减针，衣领边继续减针，将左片袖窿算起织成96行的高度。相同的方法，相反的减针方向去编织右片。右片右侧从衣身外侧挑针编织。

3. 后片的编织。后片从起织至收缩行数部分，织法与前片完全相同，收缩行数后，往上不再分片编织。全织下针，织成48行后，至袖窿，袖窿减针方法与前片相同，当织成袖窿算起88行时，下一行中间收针，收38针，两边相反方向减针，减针依次是2-2-2，2-1-2，至肩部余下32针，收针断线。

4. 拼接，将前片的侧缝与后片的侧缝对应缝合，将前后片的肩部对应缝合。

5. 袖片的编织，沿着前后袖窿边，挑128针，编织花样A搓板针，不加减针织4行的高度，收针断线。相同的方法编织另一边袖口。衣服完成。

白色短款小背心

成品规格：衣长35cm，半胸围44cm
工　　具：12号棒针
编织密度：28针×35行=10cm²
材　　料：白色棉线300g

符号说明

⊟	上针
□=☐	下针
2-1-3	行-针-次
↑	编织方向

制作说明

1. 棒针编织法，袖窿以下一片编织而成，袖窿以上分成前片、后片各自编织。

2. 袖窿以下的编织。双罗纹起针法，起244针，起织花样A双罗纹针，不加减针，编织8行的高度。下一行起全织下针，不加减针，编织46行的高度。至袖窿。

3. 袖窿以上的编织。分成前片和后片。前片的编织。前片122针，两侧袖窿减针，2-1-14，当织成袖窿算起34行的高度时，进入前衣领减针，下一行中间收针40针，两边相反方向减针，方法为：2-1-14，不加减针，再织8行后，至肩部，余下13针，收针断线。后片的编织。后片122针，两侧袖窿减针，方法与前片相同，当织成袖窿算起38行的高度时，进入后衣领减针，下一行中间收针40针，两边相反方向减针，方法为：2-1-14，不加减针，再织4行后，至肩部，余下13针，收针断线。

4. 拼接，将前片的侧缝与后片的侧缝对应缝合，将前后片的肩部对应缝合。

5. 沿着前后衣领边，挑出172针，编织花样B单罗纹针，织4行后，收针断线。沿着袖窿边，挑出92针，编织花样B，织4行后，收针断线。相同的方法去编织另一袖口。衣服完成。

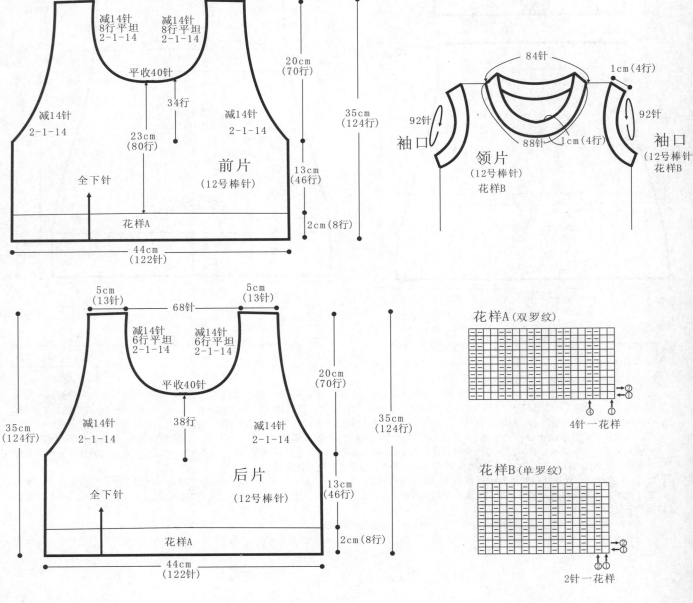

148

简洁大红小坎肩

成品规格：衣长30cm，衣宽32cm，肩宽26cm，袖长11.5cm，袖宽20cm
工　　具：14号棒针
编织密度：45.8针×56行=10cm²
材　　料：红色丝光棉线300g

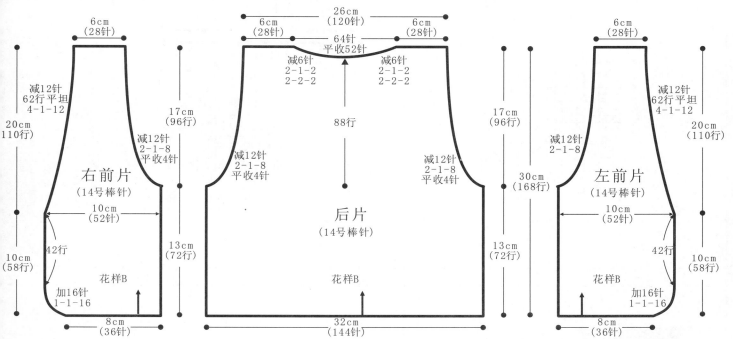

右前片（14号棒针）
6cm（28针）
减12针 62行平坦 4-1-12
20cm 110行）
减12针 2-1-8 平收4针
17cm（96行）
13cm（72行）
10cm（52针）
42行
10cm（58针）
花样B
加16针 1-1-16
8cm（36针）

后片（14号棒针）
26cm（120针）
6cm（28针）　6cm（28针）
64针 平收52针
减6针 2-1-2 2-2-2　减6针 2-1-2 2-2-2
88行
减12针 2-1-8 平收4针　减12针 2-1-8 平收4针
17cm（96行）
13cm（72行）
30cm（168行）
花样B
32cm（144针）

左前片（14号棒针）
6cm（28针）
减12针 62行平坦 4-1-12
减12针 2-1-8
20cm 110行）
17cm（96行）
13cm（72行）
10cm（52针）
42行
10cm（58针）
花样B
加16针 1-1-16
8cm（36针）

前片/后片/袖片制作说明

1. 棒针编织法，由前片2片、后片1片、袖片2片组成。从下往上织起。

2. 前片的编织。由右前片和左前片组成，以右前片为例。起针，下针起针法，起36针，编织花样B，右前片左侧进行衣摆加针，1-1-16，加出16针，织片加成52针，往上不再加减针，编织42行的高度，进入前衣领减针，4-1-12，当织成14行的高度时，至袖隆。袖隆以上的编织。右侧减针，先收针4针，然后每织2行减1针，共减8次，然后不加减针往上织，当左侧衣领减针完成时，不加减针再织62行后，余下28针，收针断线。相同的方法，相反的方向去编织左前片。

3. 后片的编织。下针起针法，起144针，编织花样B，不加减针，织72行的高度。至袖隆，然后袖隆起减针，方法与前片相同。当织成袖隆算起88行时，下一行中间将52针收针收掉，两边相反方向减针，2-2-2，2-1-2，两肩部余下28针，收针断线。

4. 袖片的编织。袖片从袖口起织，下针起针法，起96针，起织花样A，不加减针，往上织12行的高度，第13行起，分配成花样B编织，在两袖山减针，先平收4针，2-1-30，织成60行，最后余下28针，收针断线。相同的方法去编织另一袖片。

5. 拼接，将前片的侧缝与后片的侧缝对应缝合，将前后片的肩部对应缝合；再将两袖片的袖山边线与衣身的袖隆边对应缝合。

6. 最后分别沿着前后衣领边和两侧衣襟边，依照结构图所标示的针数，起织花样A，不加减针，织成12行后，收针断线。衣服完成。

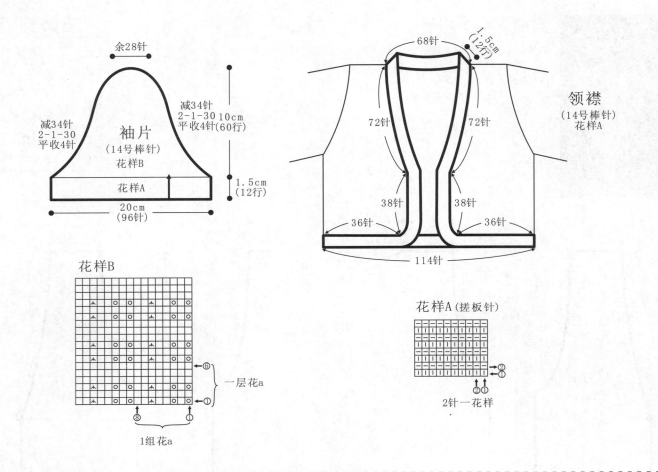

余28针

减34针
2-1-30 10cm
平收4针(60行)

减34针
2-1-30
平收4针

袖片
(14号棒针)
花样B

花样A

1.5cm
(12行)

20cm
(96针)

花样B

一层花a

1组花a

68针

1.5cm
(12行)

领襟
(14号棒针)
花样A

72针   72针

38针   38针

36针   36针

114针

花样A(搓板针)

2针一花样

镂空套头衫

成品规格： 衣长49cm，半胸围43cm，肩连袖长59cm
工 具： 11号棒针
编织密度： 29.8针×37行=10cm²
材 料： 浅橄榄色棉线共500g

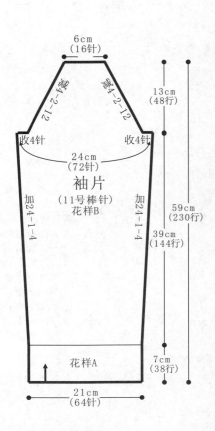

6cm
(16针)

13cm
(48行)

减4-2-12   减4-2-12

收4针   收4针

24cm
(72针)

袖片
(11号棒针)
花样B

加24-1-4   加24-1-4

59cm
(230行)

39cm
(144行)

花样A

7cm
(38行)

21cm
(64针)

袖片制作说明

1. 棒针编织法，编织两片袖片。从袖口起织。
2. 双罗纹针起针法，起64针，织花样A，织38行后，改织花样B，一边织一边两侧加针，方法为24-1-4，织至182行，织片变成72针，两侧各平收4针，接着减针编织插肩袖山。方法为4-2-12，织至230行，织片余下16针，收针断线。
3. 同样的方法编织另一袖片。
4. 将两袖侧缝对应缝合。

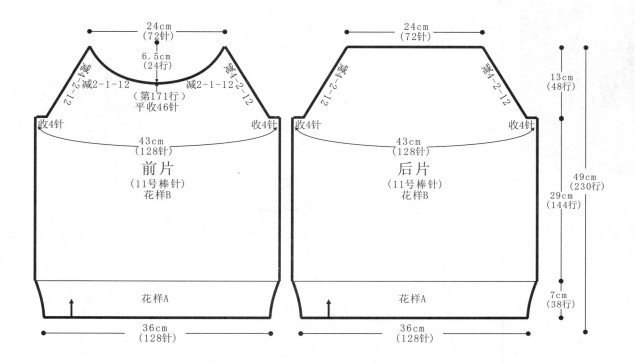

前片/后片制作说明

1. 棒针编织法，衣身片分为前片和后片，分别编织，完成后与袖片缝合而成。
2. 起织后片，双罗纹针起针法起128针，织花样A，织38行，改织花样B，织至182行，左右两侧各收4针，然后减针织成插肩袖窿，方法为4-2-12，织至230行，织针余下72针，收针断线。
3. 起织前片，双罗纹针起针法起128针，织花样A，织38行，改织花样B，织至182行，左右两侧各收4针，然后减针织成插肩袖窿，方法为4-2-12，织至170行，中间平收46针，两侧减针织成前领，方法为2-1-12，织至230行，两侧各余下1针，收针断线。
4. 将前片与后片的侧缝缝合，前片及后片的插肩缝对应袖片的插肩缝缝合。

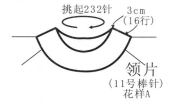

领片制作说明

1. 棒针编织法环形编织。
2. 沿领口挑起232针织花样A，共织16行，收针断线。

符号说明	
⊟	上针
□=⊡	下针
2-1-3	行-针-次
⊠	左上2针并1针
⊠	右上2针并1针
⊙	镂空针
↑	编织方向

花样A（单罗纹）

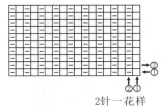

2针一花样

花样B

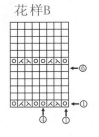

绿色翻领小外套

成品规格：衣长47cm，半胸围42cm，袖长20cm
工　　具：10号棒针
编织密度：33.3针×42行=10cm²
材　　料：墨绿色棉线600g，扣子5枚

符号说明

□	上针
□=□	下针
2-1-3	行-针-次
↑	编织方向
⊠	左上1针与右下1针交叉

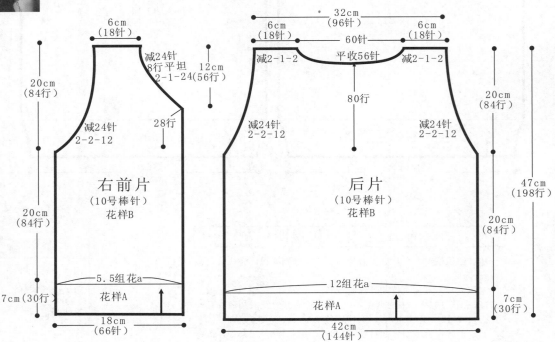

制作说明

1. 棒针编织法，由前片2片、后片1片、袖片2片组成。从下往上织起。

2. 前片的编织。由右前片和左前片组成，以右前片为例。起针，双罗纹起针法，起66针，编织花样A双罗纹针，不加减针，织30行的高度，袖窿以下的编织。第31行起，依照花样B分配好花样，并按照花样B的图解一行行往上编织，织成84行的高度，至袖窿。袖窿以上的编织。左侧减针，每织2行减2针，共减12次，然后不加减针往上织，织成28行时，右侧进行领边减针，左侧无变化，右侧每织2行减1针，共减24次，再织8行后，至肩部，余下18针，收针断线。相同的方法，相反的方向去编织左前片。

3. 后片的编织。双罗纹起针法，起144针，编织花样A双罗纹针，不加减针，织30行的高度，然后第31行起，分配成花样B，不加减针往上编织成84行的高度，至袖窿，然后袖窿起减针，方法与前片相同。当织成袖窿算起80行时，下一行中间将56针收针收掉，两边相反方向减针，每织2行减1针，减2次，织成后领边，两肩部余下18针，收针断线。

4. 袖片的编织。袖片从袖口起织，双罗纹起针法，起96针，起织花样A，不加减针，往上织10行的高度，第11行起，分配成花样B编织，不加减针，织14行的高度，至袖窿。下一行起进行袖山减针，每织2行减1针，共减28针，织成56行，最后余下40针，收针断线。相同的方法去编织另一袖片。

5. 拼接，将前片的侧缝与后片的侧缝对应缝合，将前后片的肩部对应缝合，再将两袖片的袖山边线与衣身的袖窿边对应缝合。

6. 衣襟的编织，沿着两边衣襟边，挑出126针，起织花样A双罗纹针，不加减针，编织10行的高度，右衣襟需要制作5个扣眼，另一侧钉上5个扣子。

7. 领片的编织。领片单独编织，再与领边缝合。起134针，起织花样A，不加减针，编织10行后，两侧同时减针，2-1-15，织成30行，余下104针，将起织边与衣身的领边对应缝合。衣服完成。

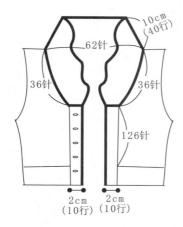

10cm
(40行)
62针
36针
36针
126针
2cm
(10行)
2cm
(10行)

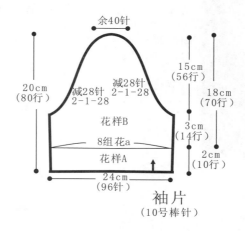

余40针
减28针
2-1-28
减28针
2-1-28
15cm
(56行)
18cm
(70行)
20cm
(80行)
花样B
3cm
(14行)
8组花a
花样A
2cm
(10行)
24cm
(96针)
袖片
(10号棒针)

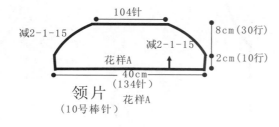

104针
减2-1-15
减2-1-15
8cm(30行)
花样A
2cm(10行)
40cm
(134针)
领片
(10号棒针)
花样A

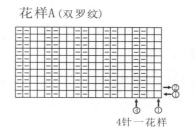

花样A (双罗纹)

②
①
④ ①
4针一花样

花样B

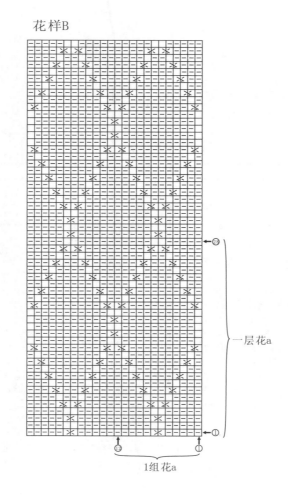

㉓
一层花a
①
② ①
1组花a

韩版系带装

成品规格：衣长60cm，衣宽50cm，肩宽29cm，袖长39cm，袖宽26cm
工　　具：10号棒针
编织密度：31.66针×31.25行=10cm²
材　　料：紫色羊毛线600g

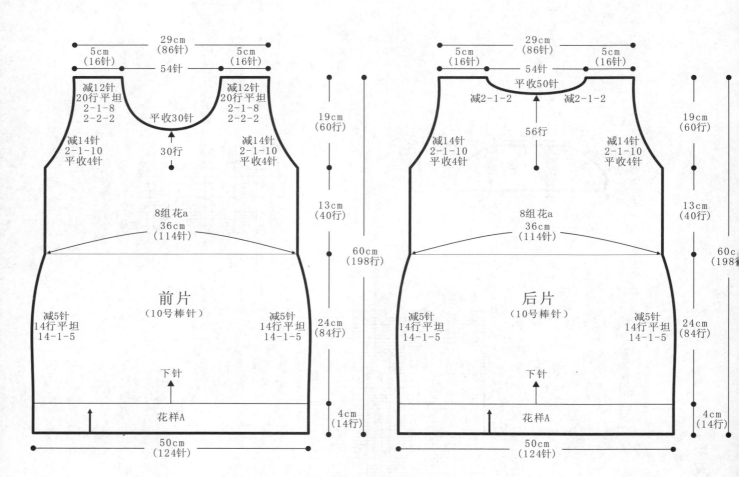

前片

29cm（86针）　5cm（16针）　5cm（16针）　54针
减12针 20行平坦 2-1-8 2-2-2　平收30针 30行
减14针 2-1-10 平收4针
8组花a 36cm（114针）
前片（10号棒针）
减5针 14行平坦 14-1-5
下针
花样A
50cm（124针）
19cm（60行）　13cm（40行）　60cm（198行）　24cm（84行）　4cm（14行）

后片

29cm（86针）　5cm（16针）　5cm（16针）　54针
平收50针
减2-1-2　减2-1-2
56行
减14针 2-1-10 平收4针
8组花a 36cm（114针）
后片（10号棒针）
减5针 14行平坦 14-1-5
下针
花样A
50cm（124针）
19cm（60行）　13cm（40行）　60cm（198行）　24cm（84行）　4cm（14行）

制作说明

1. 棒针编织法，由前片1片、后片1片、袖片2片组成。从下往上织起。

2. 前片的编织。一片织成。起针，下针起针法，起124针，起织花样A，织成14行，下一行起，全织下针，并在两侧缝上进行减针编织，14-1-5，织成70行，不加减针，再织14行，改织8组花a，不加减针，编织40行，至袖窿。袖窿起减针，两侧同时收针4针，然后2-1-10，当织成袖窿算起30行时，中间收针30针，两边进行领边减针，2-2-2，2-1-8，再织10行后，至肩部，余下16针，收针断线。

3. 后片的编织。袖窿以下织法与前片完全相同，袖窿起减针，方法与前片相同。当袖窿以上织成56行时，下一行中间收针50针，两边减针，2-1-2，至肩部余下16针，收针断线。

4. 袖片的编织。袖片从袖口起织，下针起针法，起80针，起织花样A，不加减针，往上织14行的高度，第15起，全织下针，并进行袖侧缝减针，8-1-4，织成32行，再织8行后，下一行改织5组花a，两袖侧缝进行加针，6-1-5，织成30行，至袖窿。下一行起进行袖山减针，两边同时收针，收掉4针，然后每织2行减1针，共减20针，织成40行，最后余下34针，收针断线。相同的方法去编织另一袖片。

5. 拼接，将前片的侧缝与后片的侧缝和肩部对应缝合，再将两袖片的袖山边线与衣身的袖窿边对应缝合。

6. 领片的编织，沿着前后领边，挑出124针，起织花样C，不加减针织8行的高度，收针断线。衣服完成。

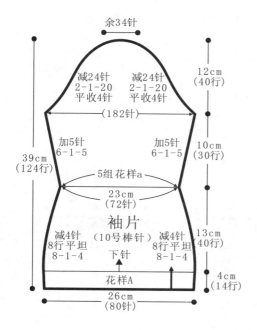

余34针

减24针　　减24针
2-1-20　　2-1-20
平收4针　　平收4针

(182针)

12cm
(40行)

加5针　　加5针
6-1-5　　6-1-5

10cm
(30行)

5组花样a
23cm
(72针)

39cm
(124行)

袖片
(10号棒针)

减4针　　　　　减4针
8行平坦　　下针　　8行平坦
8-1-4　　　　　8-1-4

13cm
(40行)

花样A

4cm
(14行)

26cm
(80针)

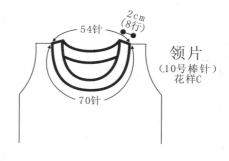

2cm
(8行)

54针

领片
(10号棒针)
花样C

70针

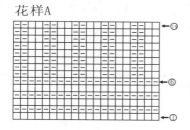

花样A

⑧←
⑥←
①←

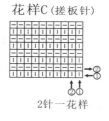

花样C (搓板针)

②←
①←
②①↑↑
2针一花样

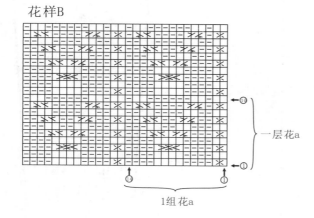

花样B

⑩←
①←
⑩↑　↑①
1组花a

一层花a

155

深蓝色套装

成品规格：衣长44cm，半胸围44cm，肩宽37cm，袖长56cm，裤长36cm，半臀围36cm
工　　具：10号棒针
编织密度：33.3针×35行=10cm²
材　　料：蓝色羊毛线400g，大扣子1枚

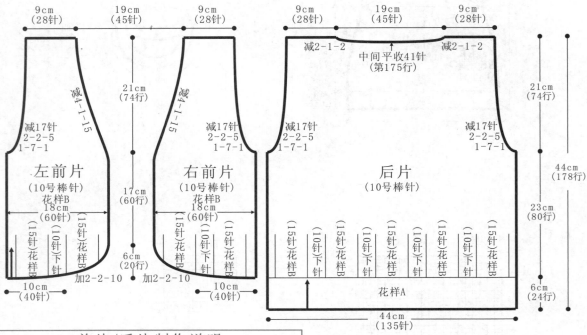

左前片（10号棒针）花样B
9cm（28针）　19cm（45针）　9cm（28针）

右前片（10号棒针）花样B

后片（10号棒针）
减2-1-2　中间平收41针（第175行）　减2-1-2
9cm（28针）　19cm（45针）　9cm（28针）

减4-1-15
减17针 2-2-5 1-7-1

21cm（74行）
17cm（60行）
6cm（20行）

减17针 2-2-5 1-7-1

18cm（60针）
（15针）花样B（10针）下针（15针）花样B
10cm（40针）
加2-2-10

44cm（178行）
23cm（80行）
6cm（24行）

（15针）花样B（10针）下针...花样A
44cm（135针）

前片/后片制作说明

1. 棒针编织法，衣身分为左前片、右前片、后片来编织。
2. 起织后片，双罗纹针起针法，起135针织花样A，织24行后，改花样B与下针间隔组合编织，织至104行，两侧减针织成袖窿，方法为1-7-1，2-2-5，各减17针，织至175行，中间平收41针，两侧减针，方法为2-1-2，织至154行，两侧肩部各余下28针，收针断线。
3. 起织左前片，下针起针法起40针，花样B与下针间隔组合编织，一边织一边右侧加针，方法为2-2-10，共加20针，织至20行时，两侧不再加减针往上织，织至80行，左侧减针织成袖窿，方法为1-7-1，2-2-5，共减17针，同时右侧减针织成前领，方法为4-1-15，织至154行，肩部余下28针，收针断线。
4. 同样的方法相反方向编织右前片。将左右前片与后片的两侧缝缝合，两肩部对应缝合。

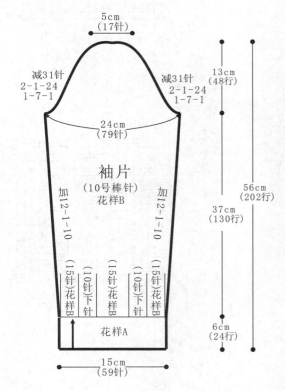

袖片（10号棒针）花样B
5cm（17针）
减31针 2-1-24 1-7-1　　减31针 2-1-24 1-7-1
24cm（79针）
13cm（48行）
56cm（202行）
37cm（130行）
6cm（24行）
加12-1-10　　加12-1-10
（15针）花样B（10针）下针（15针）花样B（10针）下针（15针）花样B
花样A
15cm（59针）

袖片制作说明

1. 棒针编织法，编织两片袖片。从袖口起织。
2. 双罗纹针起针法起59针，织花样A，织24行后，改为花样B与下针间隔组合编织，两侧一边织一边加针，方法为12-1-10，两侧的针数各增加10针，织至154行。接着减针编织袖山，两侧同时减针，方法为1-7-1，2-1-24，两侧各减少31针，织至202行，织片余下17针，收针断线。
3. 同样的方法再编织另一袖片。
4. 缝合方法：将袖山对应前片与后片的袖窿线，用线缝合，再将两袖侧缝对应缝合。

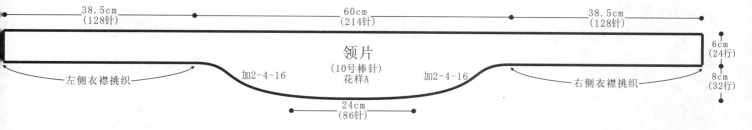

38.5cm
(128针)
60cm
(214针)
38.5cm
(128针)

6cm
(24行)

领片
(10号棒针)
花样A

左侧衣襟挑织　加2-4-16　加2-4-16　右侧衣襟挑织

8cm
(32行)

24cm
(86针)

领片制作说明

1. 棒针编织法，一片编织完成。
2. 以后领为中心，挑起86针织花样A，一边织一边两侧挑加针，方法为2-4-16，织至32行，两侧各沿衣襟挑起128针，共470针织花样A，不加减针织至56行，收针断线。
3. 将领片两侧缝分别与后片侧缝缝合。

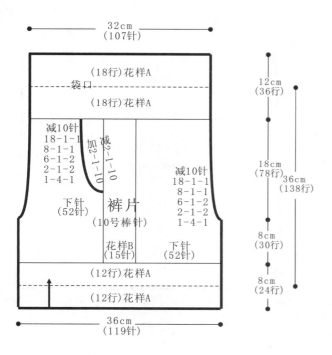

32cm
(107针)

(18行)花样A

袋口

(18行)花样A

减10针
18-1-1
8-1-1
6-1-2
2-1-2
1-4-1

加2-1-10
减2-1-10

减10针
18-1-1
8-1-1
6-1-2
2-1-2
1-4-1

下针
(52针)

裤片
(10号棒针)

花样B
(15针)

下针
(52针)

(12行)花样A

(12行)花样A

36cm
(119针)

12cm
(36行)

18cm
(78行)

8cm
(30行)

8cm
(24行)

36cm
(138行)

裤片制作说明

1. 棒针编织法，编织两片裤片。从裤管口起织。
2. 下针起针法起119针，织花样A，织24行后，向内与起针合并成双层边，改为花样B与下针间隔组合编织，中间织15针花样B，两侧余下针数织下针，不加减针织至54行，两侧减针编织裤裆，方法为1-4-1，2-1-2，6-1-2，8-1-1，18-1-1，织78行，将织片从花样B的左侧分成两片分别编织，先织左侧片，右侧减针织成袋口，方法为2-1-10，织至132行，用防解别针扣起暂时不织，另起线织右侧片，左侧加针，方法为2-1-10，织至132行，与左侧片连起来共99针，改织花样A，织36行后，向内折叠加织18行的高度，缝合成双层裤腰。断线。
3. 沿袋口从织片内里挑起88针，环织下针，织8cm的长度，收针，将袋底缝合。
4. 沿袋口边沿挑织袋口边，挑起44针织花样A，织6行后，双罗纹针收针法收针断线。
5. 同样的方法相反方向再编织另一裤片。
6. 缝合方法：将两裤片裤裆对应缝合，左右裤管缝合。

符号说明

⊟	上针
□=①	下针
2-1-3	行-针-次
(交叉符号)	右上3针与左下3针交叉
↑	编织方向

花样A（双罗纹）

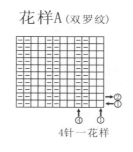

4针一花样

花样B

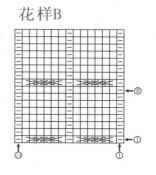

显瘦黑色长背心

成品规格：衣长64cm，衣宽40cm，肩宽30cm
工　　具：10号棒针
编织密度：21针×17.2行=10cm²
材　　料：黑色丝光棉线400g

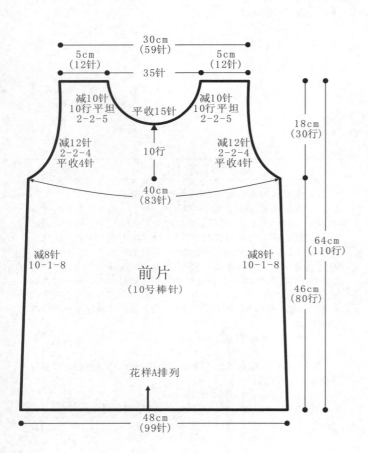

前片
（10号棒针）

30cm（59针）
5cm（12针）　5cm（12针）
35针
减10针 10行平坦 2-2-5
平收15针
10行
减12针 2-2-4 平收4针
40cm（83针）
18cm（30行）
减8针 10-1-8
64cm（110行）
46cm（80行）
花样A排列
48cm（99针）

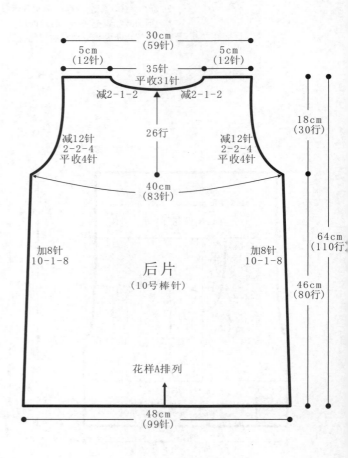

后片
（10号棒针）

30cm（59针）
5cm（12针）　5cm（12针）
35针
平收31针
减2-1-2　减2-1-2
26行
减12针 2-2-4 平收4针
40cm（83针）
18cm（30行）
加8针 10-1-8
64cm（110行）
46cm（80行）
花样A排列
48cm（99针）

前片/后片制作说明

1. 棒针编织法，由前片1片、后片1片、袖片2片组成。从下往上织起。

2. 前片的编织。一片织成。起针，下针起针法，起99针，起织花样A，并在两侧缝上进行减针编织，10-1-8，织成80行，至袖窿。袖窿起减针，两侧同时收针4针，然后2-2-4，当织成袖窿算起10行时，中间收针15针，两边进行领边减针，2-2-5，再织10行后，至肩部，余下12针，收针断线。

3. 后片的编织。袖窿以下织法与前片完全相同，袖窿起减针，方法与前片相同。当袖窿以上织成26行时，下一行中间收针31针，两边减针，2-1-2，至肩部余下12针，收针断线。

4. 拼接，将前片的侧缝与后片的侧缝和肩部对应缝合。

5. 领片的编织，沿着前后领边，挑针编织单罗纹针，织4行，完成后，收针断线。衣服完成。

花样B（单罗纹）

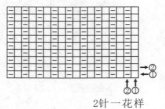

2针一花样

花样A

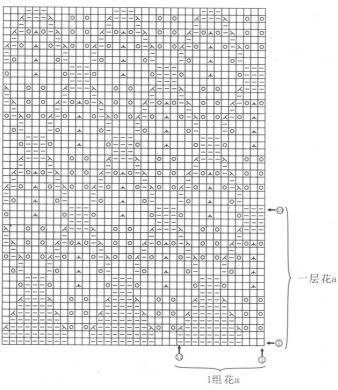

→⑳

}一层花a

→①

↑⑫ ↑①

1组花a

绚丽背心裙

成品规格: 衣长55cm,胸围72cm
工　　具: 12号棒针
编织密度: 32针×40行=10cm²
材　　料: 含丝羊毛线200g

符号说明	
⊟	上针
□＝①	下针
2-1-3	行-针-次
↑	编织方向

花样A

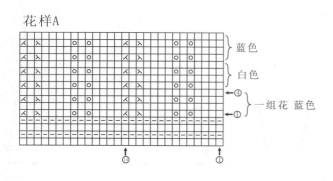

蓝色

白色

}一组花 蓝色

→④

→①

↑⑭ ↑①

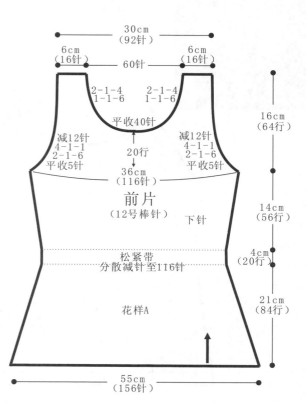

30cm
(92针)

6cm
(16针)　　60针　　6cm
(16针)

2-1-4　　2-1-4
1-1-6　　1-1-6

平收40针

减12针　　　　　减12针
4-1-1　　20行　　4-1-1
2-1-6　　　　　2-1-6
平收5针　　36cm　　平收5针
　　　　(116针)

前片
(12号棒针)　下针

松紧带
分散减针至116针

花样A

16cm
(64行)

14cm
(56行)

4cm
(20行)

21cm
(84行)

55cm
(156针)

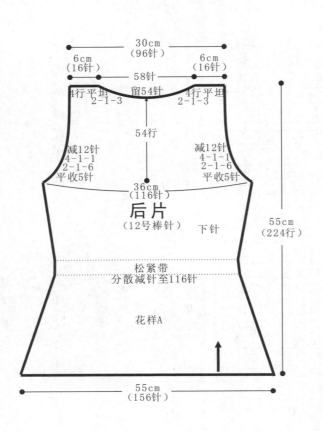

后片 diagram labels:
- 30cm（96针）
- 6cm（16针） 6cm（16针）
- 58针
- 4行平坦 留54针 4行平坦
- 2-1-3 2-1-3
- 54行
- 减12针 4-1-1 2-1-6 平收5针 （两侧）
- 36cm（116针）
- 后片（12号棒针） 下针
- 55cm（224行）
- 松紧带 分散减针至116针
- 花样A
- 55cm（156针）

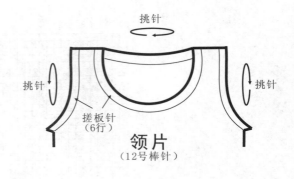

领片（12号棒针）
- 挑针
- 挑针 挑针
- 搓板针（6行）

制作说明

1. 这件衣服从下向上编织，由后片和前片组成。

2. 后片起156针编织花样A，每4行换一个颜色，蓝白相间，织84行分散减针至116针，用蓝色线编织全下针，先织20行穿松紧带，再织56行开始收袖隆，减针方法为平收5针，2-1-6，4-1-1，两侧各减12针，织54行留后领窝，中间留54针，两边减针方法为2-1-3，4行平坦，两边肩部各留20针。

3. 前片起156针编织花样A，跟后片相同的方法编织，织84行分散减针至116针，用蓝色线编织全下针袖隆起20行开始留前领窝，中间平收40针，1-1-6，2-1-4，织到与后片相同的行数，两边肩部各留16针。将前后片肩部相对进行收针缝合，侧缝处相对进行缝合。

4. 挑织衣领，从后领窝开始挑针，每个针眼挑1针编织搓板针6行收针。

橘色圆领针织衫

成品规格：衣长47cm，半胸围40cm，肩连袖长16.5cm
工　　具：10号棒针
编织密度：32.6针×41.25行=10cm²
材　　料：橘色棉线共400g

符号说明	
□	上针
□=回	下针
2-1-3	行-针-次
◁	左并针
◁	右并针
◎	镂空针
◭	中上3针并1针

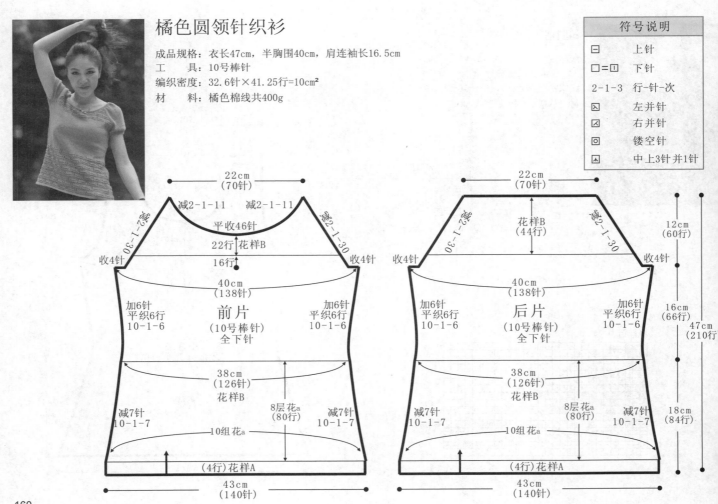

前片 diagram labels:
- 22cm（70针）
- 减2-1-11 减2-1-11
- 减2-1-30 减2-1-30
- 平收46针
- 22行 花样B
- 16行
- 收4针 收4针
- 40cm（138针）
- 加6针 平织6行 10-1-6 （两侧）
- 前片（10号棒针）全下针
- 38cm（126针）花样B
- 8层花a（80行）
- 减7针 10-1-7 （两侧）
- 10组花a
- （4行）花样A
- 43cm（140针）

后片 diagram labels:
- 22cm（70针）
- 花样B（44行）
- 减2-1-30 减2-1-30
- 收4针 收4针
- 40cm（138针）
- 加6针 平织6行 10-1-6 （两侧）
- 后片（10号棒针）全下针
- 38cm（126针）花样B
- 8层花a（80行）
- 减7针 10-1-7 （两侧）
- 10组花a
- （4行）花样A
- 43cm（140针）
- 12cm（60行）
- 16cm（66行）
- 47cm（210行）
- 18cm（84行）

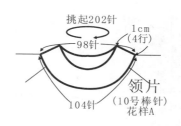

挑起202针
98针
1cm
(4行)
104针
领片
(10号棒针)
花样A

前片/后片制作说明

1. 棒针编织法，衣身片分为前片和后片，分别编织，完成后与袖片缝合而成。
2. 起织后片，下针起针法起140针，织花样A，织4行，改织花样B，两侧一边织一边减针，方法为10-1-7，织至84行，改织全下针，两侧加针，方法为10-1-6，织至150行，两侧各平收4针，然后减针织成插肩袖窿，方法为2-1-30，织至166行，改织花样B，织至210行，织片织余下70针，收针断线。
3. 起织前片，下针起针法起140针，织花样A，织4行，改织花样B，两侧一边织一边减针，方法为10-1-7，织至84行，改织全下针，两侧加针，方法为10-1-6，织至150行，两侧各平收4针，然后减针织成插肩袖窿，方法为2-1-30，织至166行，改织花样B，织至188行，中间平收46针，两侧减针织成前领，方法为2-1-11，织至210行，两侧各余下1针，收针断线。
4. 将前片与后片的侧缝缝合。

领片制作说明

1. 棒针编织法环形编织。
2. 沿领口挑起202针织花样A，共织4行，收针断线。

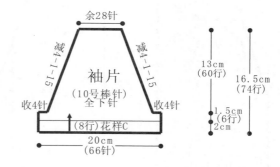

余28针
减4-1-15
减4-1-15
袖片
(10号棒针)
全下针
收4针
收4针
(8行)花样C
20cm
(66针)

13cm
(60行)
16.5cm
(74行)
1.5cm
(6行)
2cm

袖片制作说明

1. 棒针编织法，编织两片袖片。从袖口起织。
2. 单罗纹针起针法，起66针，织花样C，织8行后，改织全下针，织至14行，两侧各平收4针，两侧插肩减针，方法为4-1-15，织至74行，织片余下28针，收针断线。
3. 同样的方法编织另一袖片。
4. 将两袖侧缝对应缝合，两袖插肩缝分别与前后片插肩缝对应缝合。

花样A(搓板针)

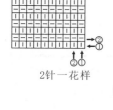

2针一花样

花样D(全下针)

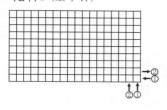

花样B

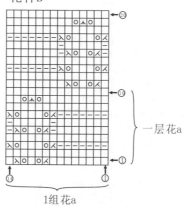

一层花a

1组花a

花样C(单罗纹)

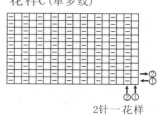

2针一花样

清纯白色外套

成品规格：衣长60cm，衣宽36cm，肩宽24cm，袖长60cm，袖宽14cm
工　　具：10号棒针
编织密度：58.33针×38行=10cm²
材　　料：米白色羊毛线600g

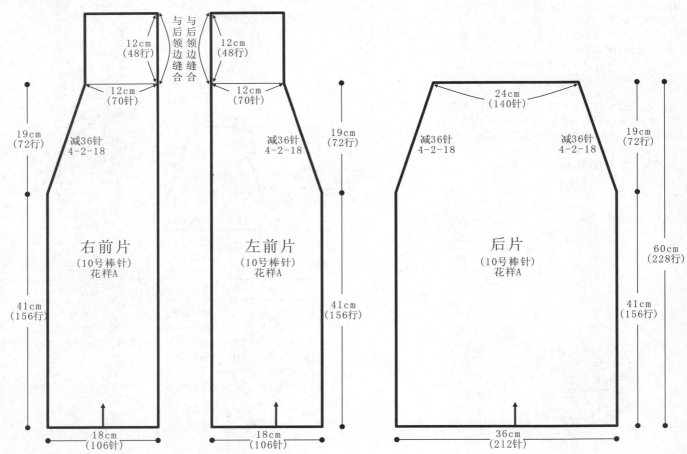

右前片
（10号棒针）
花样A

左前片
（10号棒针）
花样A

后片
（10号棒针）
花样A

12cm（48行）　与后领边缝合　与后领边缝合

12cm（70针）　12cm（70针）　24cm（140针）

19cm（72行）　减36针 4-2-18

41cm（156行）

18cm（106针）　18cm（106针）　36cm（212针）

60cm（228行）

制作说明

1. 棒针编织法，由前片2片、后片1片、袖片2片组成。从下往上织起。

2. 前片的编织。由右前片和左前片组成，以右前片为例。起针，双罗纹起针法，用白色线，起106针，编织花样A，不加减针，织156行的高度，至袖窿。袖窿以上的编织。左侧减针，然后每织4行减2针，共18次，织成72行，余下70针，这是至肩部的高度，然后不加减针往上织，织成48行，这48行的外侧边用于与后片肩部进行缝合。收针断线。相同的方法，相反的方向去编织左前片。

3. 后片的编织。双罗纹起针法，起212针，编织花样A，不加减针，织156行的高度。至袖窿，然后袖窿起减针，方法与前片相同。当织成袖窿算起72行时，收针断线。

4. 袖片的编织。袖片从袖口起织，双罗纹起针法，起82针，起织花样A，不加减针，往上织156行的高度，至袖窿，并进行袖山减针，每织4行减2针，共减18次，织成72行，最后余下10针，收针断线。相同的方法去编织另一袖片。

5. 拼接。将前片的侧缝与后片的侧缝对应缝合，将前后片加织高的48行的宽度，选一侧边与后片的肩部对应缝合，再将两袖片的袖山边线与衣身的袖窿边对应缝合。衣服完成。

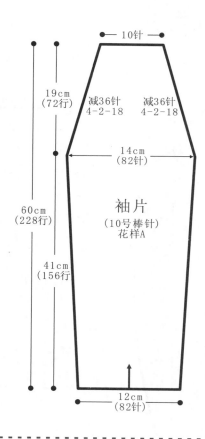

10针

19cm
(72行)

减36针
4-2-18

减36针
4-2-18

14cm
(82针)

60cm
(228行)

袖片
(10号棒针)
花样A

41cm
(156行)

12cm
(82针)

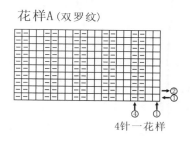

花样A(双罗纹)

4针一花样

魅惑大红色针织衫

成品规格： 衣长54cm，半胸围43cm，袖长62cm
工　　具： 10号棒针，12号棒针
编织密度： 28针×30行=10cm²
材　　料： 红色棉线500g

符号说明		
⊟	上针	
□=Ⅰ	下针	
2-1-3	行-针-次	
↑	编织方向	

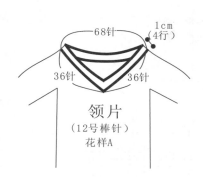

68针

1cm
(4行)

36针

36针

领片
(12号棒针)
花样A

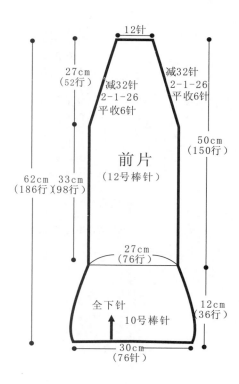

12针

27cm
(52行)

减32针
2-1-26
平收6针

减32针
2-1-26
平收6针

50cm
(150行)

62cm
(186行)

33cm
(98行)

前片
(12号棒针)

27cm
(76行)

12cm
(36行)

全下针
10号棒针

30cm
(76针)

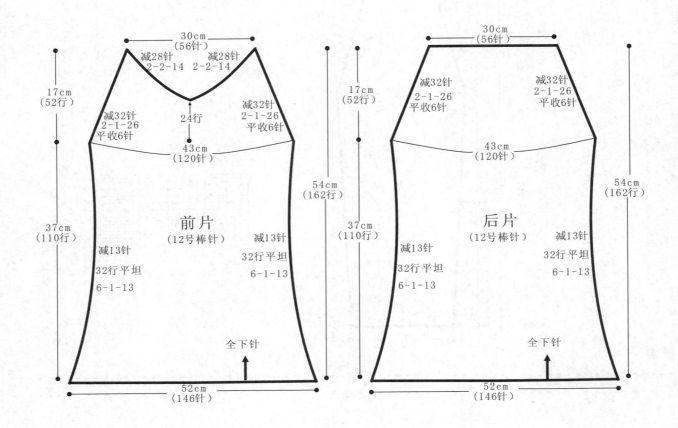

制作说明

1. 棒针编织法，由前片1片、后片1片、袖片2片组成。从下往上织起。

2. 前片的编织。一片织成。起针，下针起针法，起146针，全织下针，并在两侧缝上进行减针编织，6-1-13，织成78行，不加减针，再织32行至袖隆。袖隆起减针，两侧同时收针6针，然后2-1-26，当织成袖隆算起24行时，将织片一分为二，各自编织，并进行领边减针，2-2-14，与袖隆减针同步进行，直至余下1针，收针断线。

3. 后片的编织。袖隆以下织法与前片完全相同，袖隆起减针，方法与前片相同。当袖隆以上织成52行时，余下56针，将所有的针数收针。

4. 袖片的编织。袖片从袖口织起，下针起针法，用10号针，起76针，全织下针，不加减针，往上织36行的高度，第37行起，改用12号棒针编织，全织下针，不加减针，编织98行的高度，至袖隆。下一行起进行袖山减针，两边同时收针，收掉6针，然后每织2行减1针，共减26针，织成52行，最后余下12针，收针断线。相同的方法去编织另一袖片。

5. 拼接，将前片的侧缝与后片的侧缝对应缝合，再将两袖片的袖山边线与衣身的袖隆边对应缝合。

6. 领片的编织，用12号棒针织，沿着前后领边，挑出140针，起织花样A单罗纹针，不加减针织4行的高度，收针断线。衣服完成。

花样A (单罗纹)

2针一花样

温暖带帽连衣裙

成品规格：衣长75cm，半胸围38cm，袖长60cm
工　　具：9号棒针
编织密度：16.5针×28.6行=10cm²
材　　料：黑色棉线700g

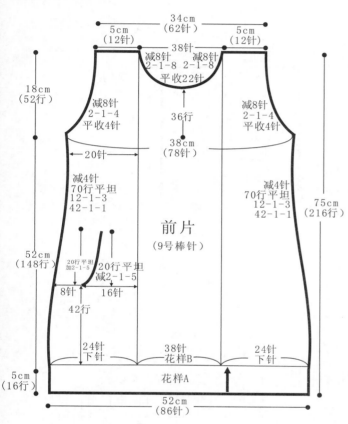

前片
（9号棒针）

34cm（62针）
5cm（12针）　5cm（12针）
38针
减8针 2-1-8　减8针 2-1-8
平收22针
36行
减8针 2-1-4 平收4针
38cm（78针）
18cm（52行）
20针
减4针 70行平坦 12-1-3 42-1-1
20行平坦 加2-1-5　20行平坦 减2-1-5
8针　16针
42行
52cm（148行）
24针 下针　38针 花样B　24针 下针
花样A
5cm（16行）
52cm（86针）
75cm（216行）

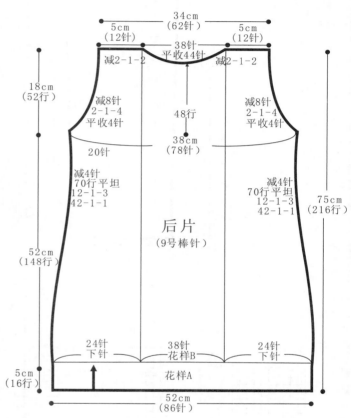

后片
（9号棒针）

34cm（62针）
5cm（12针）　5cm（12针）
38针
减2-1-2　平收44针　减2-1-2
减8针 2-1-4 平收4针　减8针 2-1-4 平收4针
48行
38cm（78针）
18cm（52行）
20针
减4针 70行平坦 12-1-3 42-1-1
52cm（148行）
24针 下针　38针 花样B　24针 下针
花样A
5cm（16行）
52cm（86针）
75cm（216行）

制作说明

1. 棒针编织法，由前片1片、后片1片、袖片2片和帽片组成。从下往上织起。

2. 前片的编织。一片织成。起针，下针起针法，起86针，起织花样A，不加减针，编织16行高度。下一行起，依照结构图分配花样编织，并在两侧缝上进行减针编织，42-1-1，12-1-3，织成78行，不加减针，再织70行至袖窿。口袋的编织：当从花样分配起，织成42行的高度时，两侧各取8针的距离，中间余下的针数单独编织，并减针，2-1-5，不加减再织20行后，暂停编织，将两边余下的8针编织，内侧边加针编织，2-1-5，不加减再织20行后，与中间织片同等高度，将3片并为1片继续编织。袖窿起减针，两侧同时收针4针，然后2-1-4，当织成袖窿算到36行时，进行领边减针，中间收针22针，两边相反方向减针，2-1-8，织成16行，至肩部余下12针，收针断线。

3. 后片的编织。袖窿以下织法与前片完全相同，袖窿起减针，方法与前片相同。当袖窿以上织成48行时，进行后领边减针，中间收针34针，两边相反方向减针，2-1-2，至两肩部各余下12针，收针断线。

4. 袖片的编织。袖片从袖口起织，双罗纹起针法，起40针，起织花样C双罗纹针，不加减针，往上织20行的高度，第21行起，全织下针，并在两侧缝进行加针编织，10-1-10，编织100行的高度，至袖窿。下一行起进行袖山减针，两边同时收针，收掉4针，然后2-1-20，最后余下12针，收针断线。相同的方法去编织另一袖片。

5. 拼接，将前片的侧缝与后片的侧缝对应缝合，将前后片的肩部对应缝合。再将两袖片的袖山边线与衣身的袖窿边对应缝合。

6. 帽片的编织，全织下针，10针起织，右侧加针，加2-1-8，织成16行，再继续在同侧加针，加出22针，暂停编织。同样，再用10针起织，左侧加针，加2-1-8，织成16行，再继续在同侧加针，加出22针，与另一织片并为一片，共80针，不加减针，编织70行的高度时，选中间2针进行减针，减2-1-6，织成12行，两边各余下34针，对折缝合。将帽片起织行与衣身领边对应缝合。衣服完成。

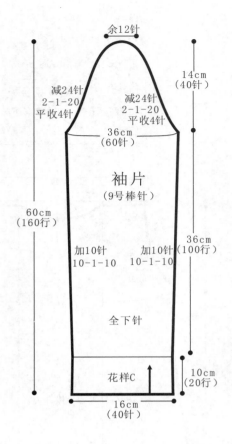

余12针

14cm
(40针)

减24针
2-1-20
平收4针

减24针
2-1-20
平收4针

36cm
(60针)

袖片
(9号棒针)

60cm
(160行)

36cm
(100行)

加10针
10-1-10

加10针
10-1-10

全下针

花样C

10cm
(20行)

16cm
(40针)

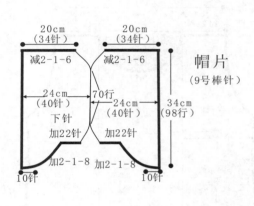

20cm
(34针)

20cm
(34针)

减2-1-6

减2-1-6

帽片
(9号棒针)

24cm
(40针)

70行

24cm
(40针)

34cm
(98行)

下针

加22针

加22针

加2-1-8

加2-1-8

10针

10针

花样A

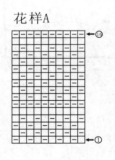

花样B

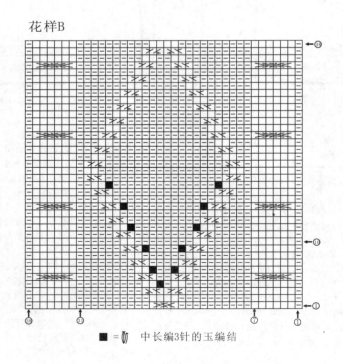

花样C（单罗纹）

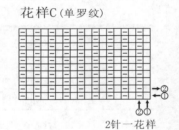

2针一花样

■ = 中长编3针的玉编结

别致粉色针织衫

成品规格：衣长55cm，衣宽42cm
工　　具：10号棒针
编织密度：20针×24行=10cm²
材　　料：粉色羊毛线400g

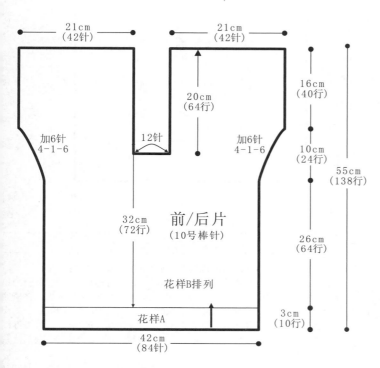

前/后片
（10号棒针）

21cm（42针）　21cm（42针）
16cm（40行）
20cm（64行）
10cm（24行）
55cm（138行）
加6针 4-1-6　12针　加6针 4-1-6
26cm（64行）
32cm（72行）
花样B排列
花样A
3cm（10行）
42cm（84针）

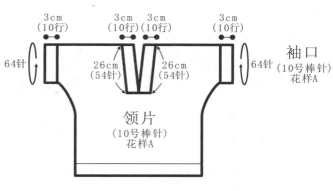

领片
（10号棒针）
花样A

3cm（10行）　3cm（10行）　3cm（10行）　3cm（10行）
64针　26cm（54针）　26cm（54针）　64针

袖口
（10号棒针）
花样A

制作说明

1. 棒针编织法，由前片1片、后片1片、从下往上织起。
2. 前片的编织。一片织成。起针，双罗纹起针法，起84针，起织花样A，织10行，下一行起，改织花样B，不加减针，织成64行的高度，下一行在两侧缝上进行加针编织，4-1-6，当织片织成72行的花样B时，下一行中间收针12针，将织片分成两半，各自编织。门襟边不加减针，侧缝继续加针编织，当加针完成时，不再加减针，再织40行，至肩部，织成42针，这40行的高度，用做袖口。不进行缝合。收针断线。相同的方法编织另一边。
3. 后片的编织。后片的织法和结构与前片相同。
4. 拼接，将前片的侧缝与后片的侧缝和肩部对应缝合。
5. 领片的编织，沿着门襟两边，各挑针108针，前面54针，后片54针，不加减针，织10行，两侧边与衣领收针处进行缝合。袖口的编织，分别沿着袖口边，挑出64针，起织花样A，织10行后，收针断线。衣服完成。

花样A（双罗纹）

4针一花样

花样B

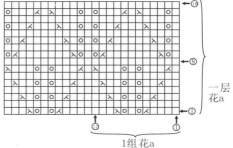

一层花a

1组花a

舒适短袖衫

成品规格：衣长44.5cm，衣宽38cm
工　　具：11号棒针
编织密度：35针×49行=10cm²
材　　料：天蓝色丝光棉线400g

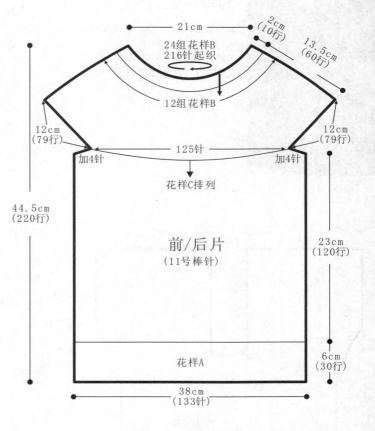

21cm

2cm
（10行）

24组花样B
216针起织

13.5cm
（60行）

12组花样B

12cm
（79行）

加4针

125针

加4针

12cm
（79行）

44.5cm
（220行）

花样C排列

前/后片
（11号棒针）

23cm
（120行）

花样A

6cm
（30行）

38cm
（133针）

2cm
（10行）

2cm
（10行）

袖口
（11号棒针）
花机A

96针

96针

花样B

花样A（单罗纹）

2针一花样

花样C

制作说明

1. 棒针编织法，由领胸片与衣身前后片组成，从上往下织。
2. 领口起织，单罗纹起针法，起216针，首尾连接，起织花样A单罗纹针，织10行，下一行起，分配成24组花样B进行编织，并依照花样B加针方法进行编织，织成60行。下一行开始分片编织。先织125针，然后用单起针法，起8针，跳过领胸片的158针，接上继续编织125针，再用单起针法，起8针，接上起织处。这样，前后片共266针。
3. 前后片的编织。依照花样C排列继续编织，不加减针，织120行的高度后，改织花样A，不加减针，再织30行后，衣身完成。
4. 袖口的编织，分别沿着袖口边，挑出96针，起织花样A，织10行后，收针断线。衣服完成。

符号说明

符号	说明
⊟	上针
□=Ⅰ	下针
2-1-3	行-针-次
↑	编织方向
⋌	左并针
⋋	右并针
⊙	镂空针
⋏	中上3针并1针

宽松大V领针织衫

成品规格：衣长59cm，半胸围40cm，袖长60cm
工　　具：8号棒针
编织密度：19.5针×25行=10cm²
材　　料：白灰色段染棉线500g，大扣子1枚

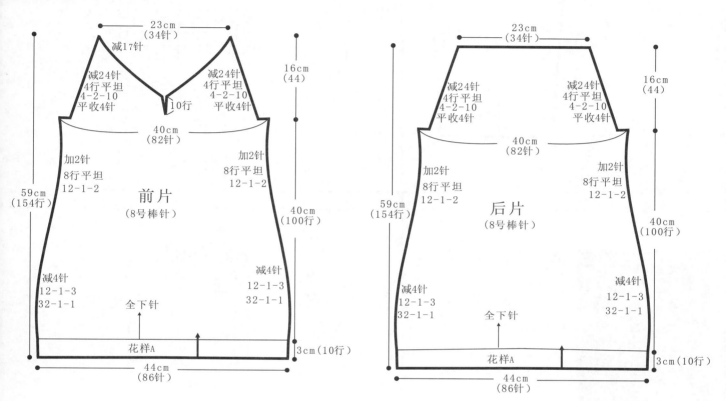

前片（8号棒针）

23cm（34针）
减17针
减24针 4行平坦 4-2-10 平收4针
10行
40cm（82针）
16cm（44）
加2针 8行平坦 12-1-2
59cm（154行）
全下针
40cm（100行）
减4针 12-1-3 32-1-1
花样A
3cm（10行）
44cm（86针）

后片（8号棒针）

23cm（34针）
减24针 4行平坦 4-2-10 平收4针
40cm（82针）
16cm（44）
加2针 8行平坦 12-1-2
59cm（154行）
全下针
40cm（100行）
减4针 12-1-3 32-1-1
花样A
3cm（10行）
44cm（86针）

制作说明

1. 棒针编织法，由前片1片、后片1片、袖片2片组成。从下往上织起。

2. 前片的编织。一片织成。起针，单罗纹起针法，起86针，起织花样A，织10行。下一行起，全织下针，并在侧缝进行加减针编织，先是减针，32-1-1，12-1-3，然后加针，12-1-2，不加减针，再织8行，至袖窿。下一行起，将织片一分为二，各自编织，袖窿减针，袖窿减针方法是先收针4针，然后4-2-10，当织成10行时，进行衣领减针，衣领减针方法是：2-1-17，直至余下1针，收针断线。

3. 后片的编织。袖窿以下织法与前片完全相同，袖窿起减针，方法与前片相同。当袖窿以上织成44行时，余下34针，将所有的针数收针。

4. 袖片的编织。袖片从袖口起织，单罗纹起针法，起40针，起织花样A，织8行，下一行起，全织下针，并在两袖侧缝上进行加针编织，8-1-12，织成96行，不加减，再织8行后至袖窿。下一行起进行袖山减针，两边同时收针，收掉4针，然后每织4行减2针，共减10次，织成44行，最后余下16针，收针断线。相同的方法去编织另一袖片。

5. 拼接，将前片的侧缝与后片的侧缝对应缝合，再将两袖片的袖山边线与衣身的袖窿边对应缝合。衣服完成。

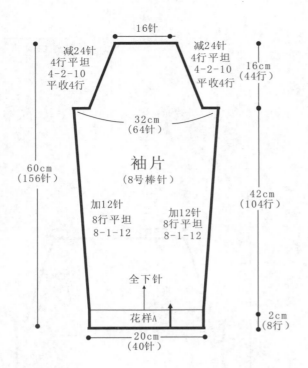

16针

减24针
4行平坦
4-2-10
平收4行

减24针
4行平坦
4-2-10
平收4行

16cm
(44行)

32cm
(64针)

袖片
(8号棒针)

60cm
(156针)

加12针
8行平坦
8-1-12

加12针
8行平坦
8-1-12

42cm
(104行)

全下针

花样A

2cm
(8行)

20cm
(40针)

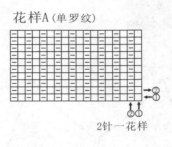

花样A（单罗纹）

2针一花样

清新波浪纹针织衫

成品规格：衣长58cm，衣宽48cm
工　具：12号棒针
编织密度：37.5针×46行=10cm²
材　料：淡蓝色丝光棉线400g

符号说明
□　　上针
□=1　下针
2-1-3　行-针-次
↑　　编织方向
⊠　　左并针
⊠　　右并针
⊙　　镂空针
⊠　　中上3针并1针

花样A

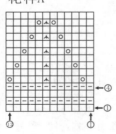

花样B

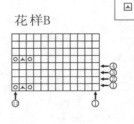

花样C

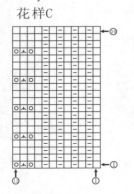

花样D

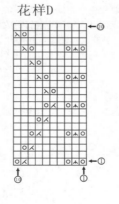

花样E

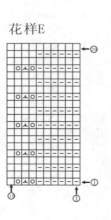

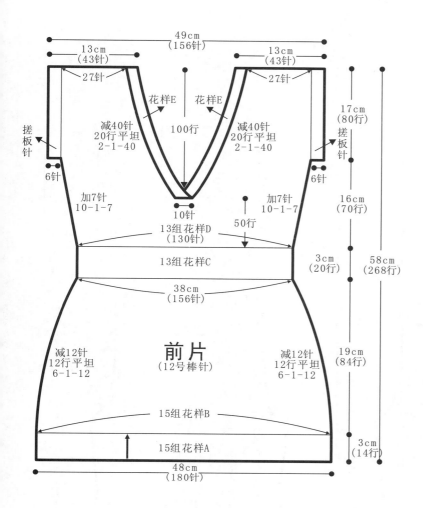

49cm
(156针)

13cm
(43针)

27针

花样E 花样E

减40针
20行平坦
2-1-40

100行

减40针
20行平坦
2-1-40

17cm
(80行)

搓板针

6针

6针

搓板针

加7针
10-1-7

10针

50行

加7针
10-1-7

13组花样D
(130针)

13组花样C

16cm
(70行)

3cm
(20行)

58cm
(268行)

38cm
(156针)

减12针
12行平坦
6-1-12

前片
(12号棒针)

减12针
12行平坦
6-1-12

19cm
(84行)

15组花样B

15组花样A

3cm
(14行)

48cm
(180针)

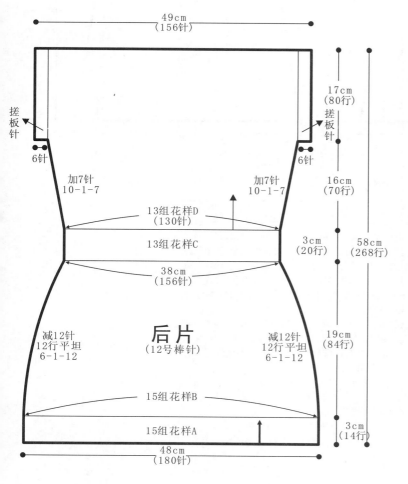

49cm
(156针)

17cm
(80行)

搓板针

6针

6针

搓板针

加7针
10-1-7

加7针
10-1-7

13组花样D
(130针)

13组花样C

16cm
(70行)

3cm
(20行)

58cm
(268行)

38cm
(156针)

减12针
12行平坦
6-1-12

后片
(12号棒针)

减12针
12行平坦
6-1-12

19cm
(84行)

15组花样B

15组花样A

3cm
(14行)

48cm
(180针)

制作说明

1. 棒针编织法，由前片1片、后片1片组成、从下往上织起。

2. 前片的编织。一片织成。起针，下针起针法，起180针，起织花样A，共15组，织14行，下一行起，改织花样B，共15组，在两侧缝上进行减针编织，6-1-12，不加减针，织12行后，织片余下156针，改织13组花样C，织20行，然后再织13组花样D，并在侧缝加针编织，10-1-7，当织成50行的花样D时，下一行中间先取10针，分成两半，各自编织，这10针始终编织花样E，花样E内侧1针上，进行减针编织。以右片为例，左侧进行衣领减针，2-1-40，与右侧加针同步进行，当织成70行时，侧缝往右加针，加出6针，这6针编织花样E搓板针，衣领继续减针，当减针完成时，不再加减针，再织20行，至肩部，织成43针，这80行的高度，用做袖口，不进行缝合。收针断线。相同的方法编织另一边。

3. 后片的编织。后片起织与前片完全相同，花样分配与前片相同，但后片无衣领减针，袖窿起织成80行时，将所有的针数收针。断线。

4. 拼接，将前片的侧缝与后片的侧缝和肩部对应缝合。衣服完成。

军绿色时装裙

成品规格：衣长59cm，胸围70cm，袖长11cm
工　　具：9号棒针、10号棒针
编织密度：23针×31行=10cm²
材　　料：丝光毛线500g

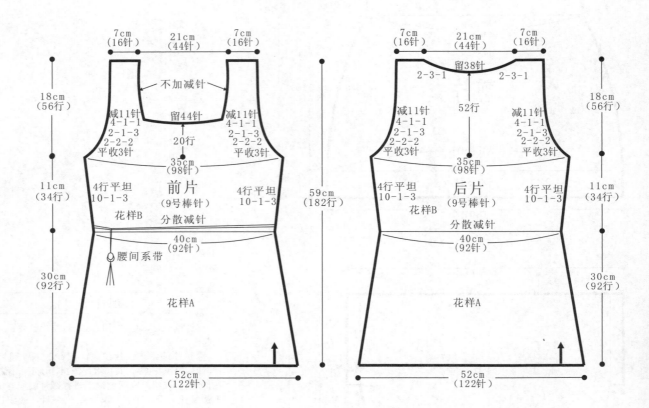

前片

7cm（16针）　21cm（44针）　7cm（16针）

不加减针

减11针
4-1-1
2-1-3
2-2-2
平收3针

留44针
20行

35cm（98针）

4行平坦
10-1-3

前片
（9号棒针）

花样B
分散减针

40cm（92针）

腰间系带

花样A

18cm（56行）
11cm（34行）
30cm（92行）

52cm（122针）

后片

7cm（16针）　21cm（44针）　7cm（16针）

留38针
2-3-1　　2-3-1

减11针
4-1-1
2-1-3
2-2-2
平收3针

52行

35cm（98针）

4行平坦
10-1-3

后片
（9号棒针）

花样B
分散减针

40cm（92针）

花样A

59cm（182行）

18cm（56行）
11cm（34行）
30cm（92行）

52cm（122针）

制作说明

1. 这件衣服从下向上编织，由后片和前片及2个袖片组成。
2. 后片起122针编织花样A92行，然后在腰间分散减针至40cm92针，织花样B，并在侧缝两边加针，方法为10-1-3，4行平坦，织34行开始收袖窿，减针方法为平收3针，2-2-2，2-1-3，4-1-1，两侧减针方法相同，织52行留后领窝，中间留38针，两边减针方法为2-3-1，两边肩部各留16针。
3. 前片起122针编织花样A92行，然后在腰间分散减针至40cm92针，织花样B，跟后片相同在侧缝加针，34行开始收袖窿，方法和后片相同，织20行开始收前领窝，留44针，然后不加不减织到与后片相同的行数，两边肩部各留16针。
4. 将前后片肩部相对进行缝合，侧缝处相对进行缝合。
5. 袖子起42针，编织花样A，袖山的减针方法为2-2-3，2-1-3，2-2-2，余16针收针。并与衣身缝合。
6. 挑织衣领，将领子一圈每个针眼挑1针编织花样C4行收针。

挑针

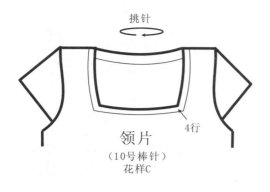

领片
（10号棒针）
花样C

袖片

留16针

2-2-2
2-2-2
2-1-3
2-2-3

2-2-2
2-1-2
2-2-3

11cm
（34行）

花样A

18cm
（42针）

4行

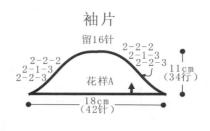

花样C
搓板针

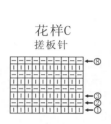

花样A

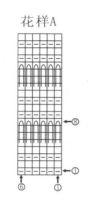

花样B

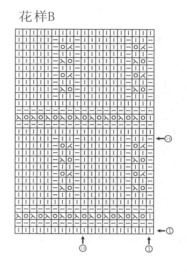

纯情圆领针织衫

成品规格：衣长46cm，胸围72cm，袖长13cm
工　　具：12号棒针
编织密度：35针×42行=10cm²
材　　料：含丝羊毛线250g

符号说明	
⊟	上针
□=⊡	下针
2-1-3	行-针-次
↑	编织方向

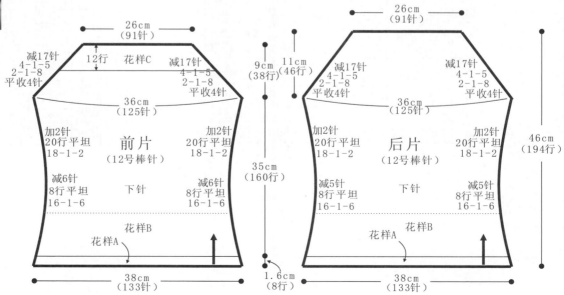

26cm
（91针）

减17针
4-1-5
2-1-8
平收4针

12行　花样C

减17针
4-1-5
2-1-8
平收4针

36cm
（125针）

加2针
20行平坦
18-1-2

前片
（12号棒针）

加2针
20行平坦
18-1-2

减6针
8行平坦
16-1-6

下针

减6针
8行平坦
16-1-6

花样B

花样A

38cm
（133针）

9cm
（38行）

11cm
（46行）

35cm
（160行）

1.6cm
（8行）

26cm
（91针）

减17针
4-1-5
2-1-8
平收4针

减17针
4-1-5
2-1-8
平收4针

36cm
（125针）

加2针
20行平坦
18-1-2

后片
（12号棒针）

加2针
20行平坦
18-1-2

减5针
8行平坦
16-1-6

下针

减5针
8行平坦
16-1-6

花样B

花样A

38cm
（133针）

46cm
（194行）

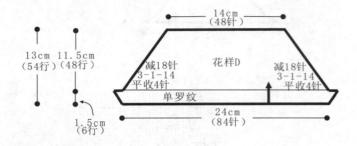

14cm
（48针）

13cm 11.5cm
（54行）（48行）

减18针
3-1-14
平收4针
花样D
减18针
3-1-14
平收4针

单罗纹

1.5cm
（6行）

24cm
（84针）

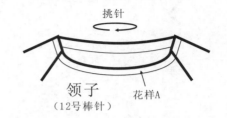

挑针

领子
（12号棒针）

花样A

制作说明

1. 这件衣服从下向上编织，由后片和前片及2个袖片组成。
2. 后片起133针编织花样A8行，编织花样B，之后编织全下针，同时在两边侧缝处减针，方法为16-1-6，8行平坦，再加2针，方法为18-1-2，另一侧相同，织160行开始收袖窿，减针方法为平收4针，2-1-8，4-1-5，织到46行中间留领边91针。
3. 前片起133针编织花样A8行，然后跟后片相同的方法分针编织，侧缝的加减针方法都和后片相同，袖窿收针也和后片相同，收袖窿后26行开始编织花样C12行，织到38行留领边91针。
4. 袖子起84针，编织单罗纹6行后织花样D，同时开始收袖山，收针方法为平收4针，3-1-14，余48针收针。
5. 挑织衣领，从后领窝开始挑针，每个针眼挑1针编织花样A6行收针。

花样A

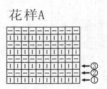

花样C

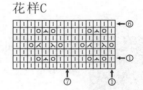

花样B

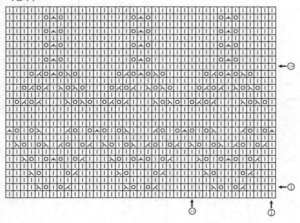

花样D
袖子花样

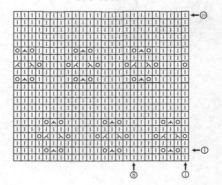

清爽V领小外套

成品规格：衣长41cm，胸围80cm，袖长56cm
工　　具：12号棒针
编织密度：30针×41.8行=10cm²
材　　料：含丝羊毛线500g，扣子6枚

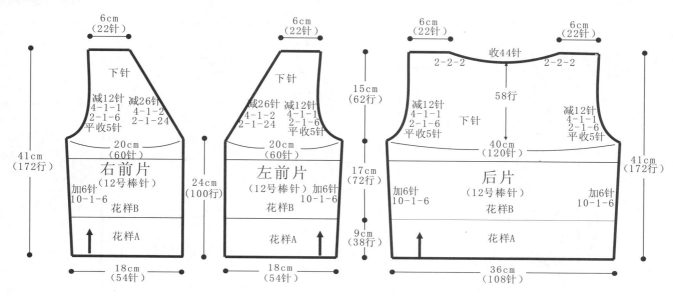

右前片（12号棒针）
6cm（22针）
下针
减12针 4-1-1 2-1-6
减26针 4-1-2 2-1-24
平收5针
20cm（60针）
加6针 10-1-6
花样B
花样A
41cm（172行）
24cm（100行）
18cm（54针）

左前片（12号棒针）
6cm（22针）
下针
减26针 4-1-2 2-1-24
减12针 4-1-1 2-1-6
平收5针
20cm（60针）
加6针 10-1-6
花样B
花样A
18cm（54针）

后片（12号棒针）
6cm（22针）　6cm（22针）
收44针
2-2-2　　2-2-2
58行
减12针 4-1-1 2-1-6 平收5针　　减12针 4-1-1 2-1-6 平收5针
下针
40cm（120针）
加6针 10-1-6　　加6针 10-1-6
花样B
花样A
41cm（172行）
36cm（108针）
15cm（62行）
17cm（72行）
9cm（38行）

袖片（12号棒针）
余30针
2-2-2 2-2-2
2-1-6 2-1-6
2-2-3 2-2-3
平收5针　平收5针
26cm（72针）
加10针 6行平坦 14-1-10　　加10针 6行平坦 14-1-10
花样B
花样A
56cm（234行）
12cm（50行）
35cm（146行）
9cm（38行）
17cm（52针）

领襟（12号棒针）
55针
50针
搓板针 106针
1.5cm（6行） 1.5cm（6行）

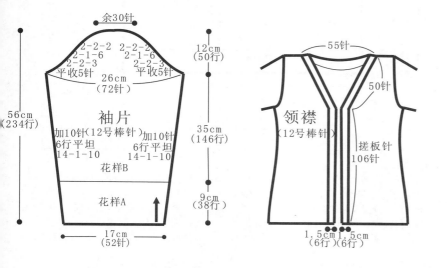

制作说明

1. 这件衣服从下向上编织，由后片和前片及2个袖片组成。

2. 后片起108针编织花样A38行，编织花样B，之后编织全下针，同时在两边侧缝处加针，方法为10-1-6，另一侧相同，织110行开始收袖隆，减针方法为平收5针，2-1-6，4-1-1，织到58行中间留后领44针，领子两边减针2-2-2，肩部各22针。

3. 前片织2片，方法相同，方向相反，起54针编织花样A38行，然后跟后片侧缝的加针相同，袖隆收针也和后片相同，同时在门襟这边收领子，减针方法为2-1-24，4-1-2，肩部留22针。前后片肩部相对收针。

4. 袖子起52针，编织花样A38行后织花样B，侧缝加针方法为14-1-10，6行平坦，织146行收袖山，收针方法为平收5针，2-2-3，2-1-6，2-2-2，余30针收针。与衣身缝合。

5. 挑织衣领，从后领窝挑55针，领侧边挑50针，前门襟直边挑106针，另一侧相同编织搓板针6行收针。右侧门襟留6个扣眼。

花样A

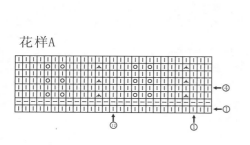

花样B

帅气短装小外套

成品规格：衣长40cm，半胸围34cm，袖长61cm
工　　具：8号棒针
编织密度：26针×26行=10cm²
材　　料：深紫色棉线300g，蓝色棉线50g，扣子3枚

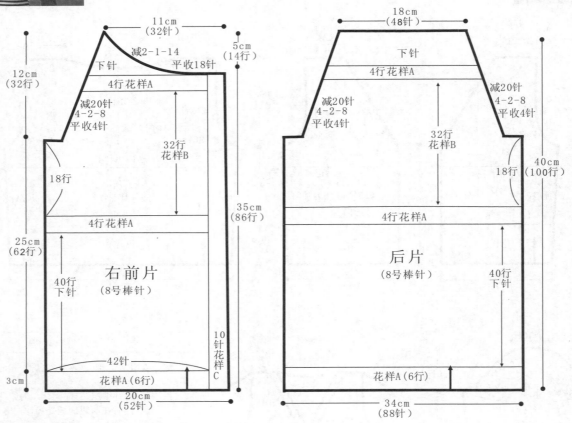

右前片（8号棒针）

11cm（32针）
减2-1-14
平收18针
下针　4行花样A
减20针 4-2-8 平收4针
32行花样B
5cm（14行）
12cm（32行）
18行
4行花样A
25cm（62行）
40行下针
42针
花样A（6行）
3cm
20cm（52针）
10针花样C
35cm（86行）

后片（8号棒针）

18cm（48针）
下针
4行花样A
减20针 4-2-8 平收4针
32行花样B
减20针 4-2-8 平收4针
4行花样A
40行下针
18行
花样A（6行）
40cm（100行）
34cm（88针）

制作说明

1. 棒针编织法，由前片2片、后片1片、袖片2片组成。从下往上织起。

2. 前片的编织。由右前片和左前片组成，以右前片为例。起针，下针起针法，起52针，右侧选取10针，始终编织花样C，余下的针数42针，全织花样A，织6行的高度，袖窿以下的编织。第7行起，花样C继续编织，余下的全织下针，织40行后，改织花样A 4行，此处开始留扣眼，向上共3个。下一行，分配成花样B编织，织18行后，至袖窿。袖窿以上的编织。左侧减针，收针4针，每织4行减2针，共减8次，然后不加减针往上织，织成14行时，改织4行花样A，下一行进行右侧进行领边减针，从右往左，收针18针，然后每织2行减1针，共减14次，与袖窿减针同步进行，直至余下1针，收针断线。相同的方法，相反的方向去编织左前片。

3. 后片的编织。下针起针法，起88针，编织花样A，不加减针，织6行的高度。然后第7行起，全织下针，不加减针往上编织成40行的高度，下一行改织4行花样A，而后依照花样B分配花样进行编织。再织18行后至袖窿，然后袖窿起减针，方法与前片相同。当织成袖窿算起14行时，下一行改织4行花样A，余下的行数全织下针，再织14行后，将所有的针数收针，断线。

4. 袖片的编织。袖片从袖口起织，下针起针法，起40针，起织花样A，不加减针，往上织4行的高度，第5行起，分配成花样B编织，不加减针，织32行的高度，下一行改织4行花样A，余下全织下针，并在两侧缝进加针，12-1-6，6-1-1，织成78行，至袖窿。下一行起进行袖山减针，先收针4针，每织4行减2针，共减8次，织成32行，最后余下14针，收针断线。相同的方法去编织另一袖片。

5. 拼接，将前片的侧缝与后片的侧缝对应缝合，再将两袖片的袖山边与衣身的袖窿边对应缝合。

6. 领片的编织。沿着前后衣领边，挑出116针，起织花样C单罗纹针，不加减针，编织12行的高度后，收针断线。衣服完成。

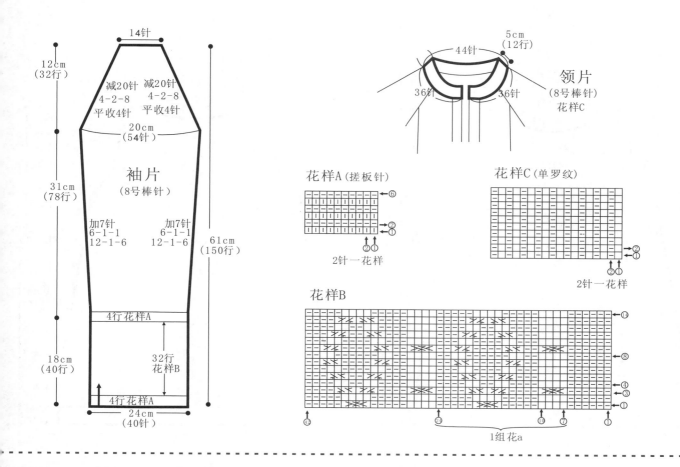

14针

12cm
(32行)

减20针
4-2-8
平收4针

减20针
4-2-8
平收4针

20cm
(54针)

袖片
(8号棒针)

31cm
(78行)

加7针
6-1-1
12-1-6

加7针
6-1-1
12-1-6

61cm
(150行)

18cm
(40行)

4行花样A

32行
花样B

4行花样A

24cm
(40针)

5cm
(12行)

44针

36针   36针

领片
(8号棒针)
花样C

花样A(搓板针)

2针一花样

花样C(单罗纹)

2针一花样

花样B

1组花a

可爱背心裙

成品规格：衣长60cm，半胸围42cm，袖长2cm
工　　具：8号棒针
编织密度：24.4针×35行=10cm²
材　　料：蓝色棉线400g

花样A(双罗纹)

4针一花样

184针

72针

45cm
(16行)

6行

120针

120针

112针

领片
(8号棒针)
花样D

袖口
(8号棒针)
花样A

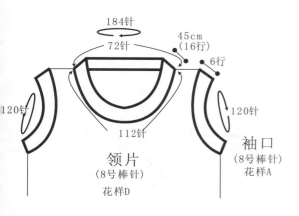

花样B

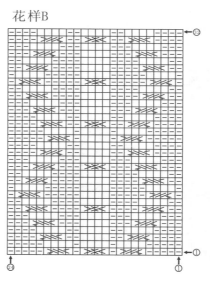

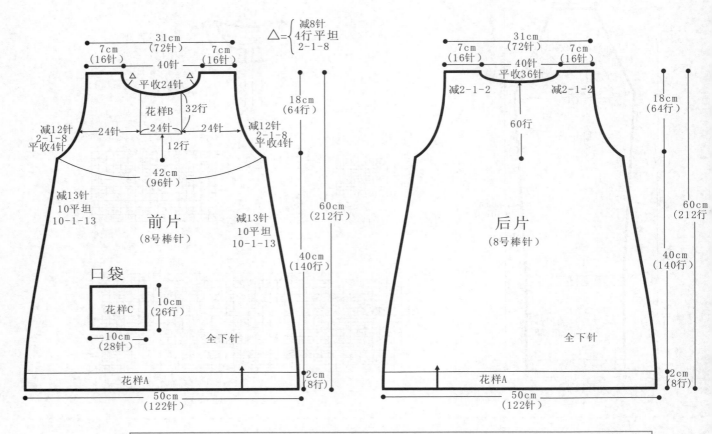

减8针
△ = { 4行平坦
2-1-8

前片

31cm
(72针)
7cm
(16针)
7cm
(16针)
40针
平收24针
花样B
32行
24针
24针
24针
12行
减12针
2-1-8
平收4针
减12针
2-1-8
平收4针
42cm
(96针)
18cm
(64行)
减13针
10平坦
10-1-13
减13针
10平坦
10-1-13
前片
(8号棒针)
口袋
花样C
10cm
(26行)
10cm
(28针)
全下针
60cm
(212行)
40cm
(140行)
花样A
2cm
(8行)
50cm
(122针)

后片

31cm
(72针)
7cm
(16针)
7cm
(16针)
40针
平收36针
减2-1-2
减2-1-2
60行
18cm
(64行)
后片
(8号棒针)
全下针
60cm
(212行)
40cm
(140行)
花样A
2cm
(8行)
50cm
(122针)

制作说明

1. 棒针编织法，由前片1片、后片1片、袖片2片组成。从下往上织起。
2. 前片的编织。一片织成。起针，双罗纹起针法，起122针，起织花样A，不加减针，编织8行高度。下一行起，全织下针，并在两侧缝上进行减针编织，10-1-13，织成130行，不加减针，再织10行至袖窿。袖窿起减针，两侧同时收针4针，然后2-1-8，当织成袖窿算起12行时，分配花样，两边各取24针，编织下针，中间余下的24针，编织花样B，织成32行后，进行领边减针，中间收针24针，两边相反方向减针，2-1-8，织成16行，再织4行，至肩部余下16针，收针断线。
3. 后片的编织。袖窿以下织法与前片完全相同，袖窿起减针，方法与前片相同。当袖窿以上织成60行时，进行后领边减针，中间收针36针，两边相反方向减针，2-1-2，至两肩部各余下16针，收针断线。
4. 拼接，将前片的侧缝与后片的侧缝对应缝合，将前后片的肩部对应缝合。再将两袖片的袖山边线与衣身的袖窿边对应缝合。
5. 领口的编织。沿着前后衣领边，挑出184针，起织花样D，不加减针，编织16行的高度后，收针断线。袖口的编织，沿边挑出120针，起织花样A，编织6行的高度后，收针断线。相同的方法去编织另一边袖片。
6. 口袋的编织。单独编织，起28针，起织花样C，织26行，收针断线。再将之的3边，缝合于前片的右下角位置。衣服完成。

花样C

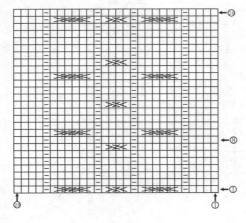

花样D

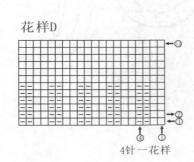

4针一花样

178

沉静紫色连衣裙

成品规格：衣长65cm，半胸围43cm，袖长28cm
工　　具：10号棒针
编织密度：28.5针×32行=10cm²
材　　料：深紫色棉线300g，蓝色棉线50g

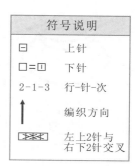

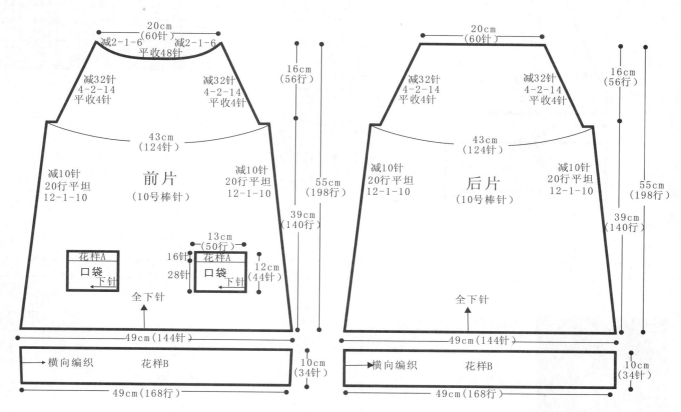

前片

20cm（60针）
减2-1-6　减2-1-6
平收48针
16cm（56行）
减32针 4-2-14 平收4针
43cm（124针）
减10针 20行平坦 12-1-10
前片（10号棒针）
55cm（198行）
39cm（140行）
13cm（50行）
花样A 口袋 下针
16针 28针 花样A 口袋 下针
12cm（44针）
全下针
49cm（144针）
横向编织 花样B
10cm（34针）
49cm（168行）

后片

20cm（60针）
减32针 4-2-14 平收4针
16cm（56行）
43cm（124针）
减10针 20行平坦 12-1-10
后片（10号棒针）
55cm（198行）
39cm（140行）
全下针
49cm（144针）
横向编织 花样B
10cm（34针）
49cm（168行）

制作说明

1. 棒针编织法，由前片1片、后片1片，袖片2片和下摆花边、袖口花边组成。从下往上织起。

2. 前片的编织。一片织成。起针，下针起针法，起144针，起织下针，并在两侧缝上进行减针编织，12-1-10，织成120行，不加减针，再织20行至袖窿。袖窿起减针，两侧同时收针4针，然后4-2-14，当织成袖窿算起44行时，进行领边减针，中间收针48针，两边相反方向减针，2-1-6，织成12行，与袖窿减针同步进行，直至余下1针，收针断线。下摆花边的编织。起34针，编织花样B，不加减针，编织168行的高度后，将一侧边与前片下摆边进行缝合。

3. 后片的编织。袖窿以下织法与前片完全相同，袖窿起减针，方法与前片相同。当袖窿以上织成56行时，余下60针，将所有的针数收针，断线。同法织另一下摆花边。

4. 袖片的编织。下针起针法，起104针，不加减针，织8行，下一行袖窿减针，两侧收针4针，然后4-2-14，织成56行的高度，余下40针，收针断线。再织袖口花边，起34针，编织花样B，编织130行

的高度，收针断线，将之一长侧边，与袖片起织行进行缝合。相同的方法去编织另一边袖片。

5. 拼接，将前片的侧缝与后片的侧缝对应缝合，再将两袖片的袖山边线与衣身的袖窿边对应缝合。

6. 口袋的编织。单独编织，起44针，先织花样A，余下的全织下针，不加减针，将44针织成50行，收针断线。相同的方法再编织另外一只口袋。再将其的3边，缝合于前片的下角位置。

7. 领片的编织。单独编织，起34针，起织花样B，不加减针，编织208行的长度后，与起织行进行缝合。再将一侧长边，与衣身的领边进行缝合。衣服完成。

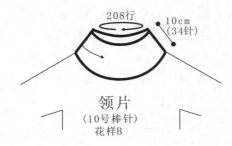

208行
10cm
(34针)

领片
(10号棒针)
花样B

14cm
(40针)

袖片
(10号棒针)

16cm
(56行)

18cm
(64行)

2cm
(8行)

减32针
4-2-14
平收4针

全下针

减32针
4-2-14
平收4针

36cm
(104针)

10cm
(34针)

花样B

36cm
(130行)

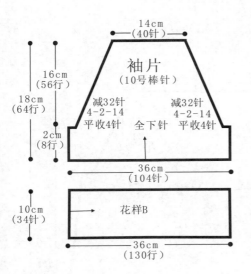

花样A

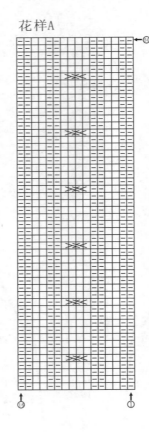

花样B

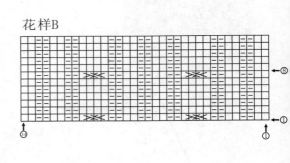

休闲针织连衣裙

成品规格: 衣长86cm,衣宽50cm,肩宽32cm
工　　具: 12号棒针
编织密度: 44针×47行=10cm²
材　　料: 浅灰色丝光棉线600g

240针
90针
150针

1cm
(6行)

1cm1cm
(6行)(6行)

120针

120针

领片
(12号棒针)
花样C

花样A

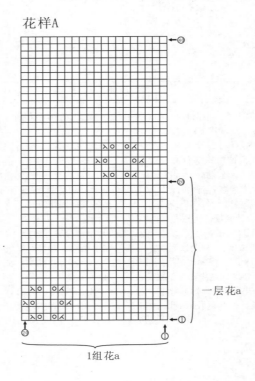

一层花a

1组花a

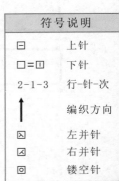

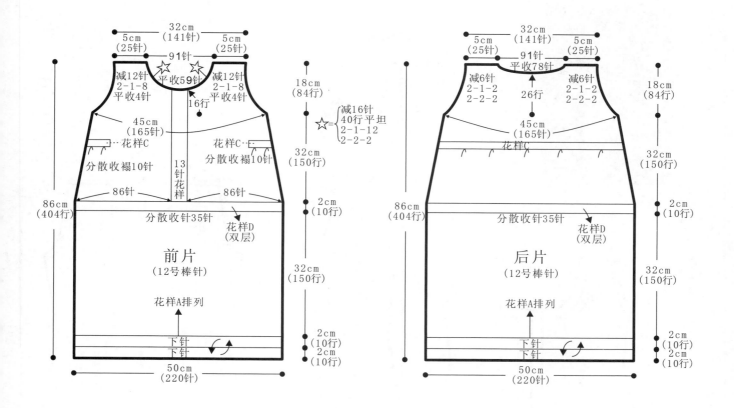

制作说明

1. 棒针编织法，由前片1片、后片1片组成，从下往上织起。
2. 前片的编织。一片织成。起针，下针起针法，起织220针，起织下针，织20行，将首尾两行对折缝合。下一行起，改织花样A，不加减针，织150行的高度。在第150行里，分散收针，收35针，然后编织花样D，织10行，在里面挑针再织一层，然后两层并为1行。下1行起，分配花样，中间选13针编织花样B，两边各86针，编织下针，织成2/3的高度时，暂停编织，在一行内，在两边取适当宽度收褶，收掉10针，余下165针，继续编织，将这部分花样织成150行的高度，至袖窿。袖窿起减针，两边收针4针，然后减针，2-1-8，当织成16行的高度时，前衣领减针，中间收针59针，两边减针，2-2-2，2-1-12，不加减针，再织40行后，至肩部，余下25针，收针断线。
3. 后片的编织。后片起织与前片完全相同，花样分配与前片相同，但后片无衣领减针，袖窿起织成76行时，下一行中间收针79针，两边减针，2-2-2，2-1-2，两肩部余下25针，将所有的针数收针。断线。
4. 拼接，将前片的侧缝与后片的侧缝和肩部对应缝合。
5. 最后沿着前后衣领边，挑出240针，编织花样C，同样，袖口也挑出120针，编织花样C，织6行后，收针断线。衣服完成。

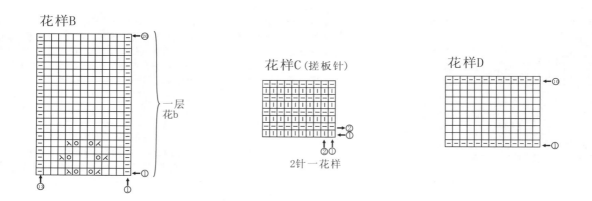

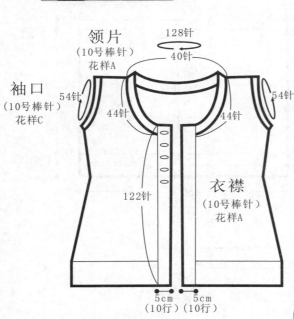

明艳系带开衫

花样A（双罗纹）

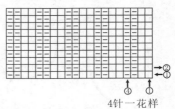

②→
①→
④↑ ①↑
4针一花样

成品规格：衣长73cm，半胸围43cm
工　具：10号棒针
编织密度：20针×23行=10cm²
材　料：黄色棉线400g，扣子5枚

领片
（10号棒针）
花样A
128针
40针

袖口
（10号棒针）
花样C
54针
54针
44针
44针

122针

衣襟
（10号棒针）
花样A

5cm（10行）　5cm（10行）

符号说明

符号	说明
□	上针
□=□	下针
2-1-3	行-针-次
↑	编织方向
⊠	左并针
⊠	右并针
⊡	镂空针
⊠	中上3针并1针

花样C（搓板针）

②→
①→
②↑ ①↑
2针一花样

花样B

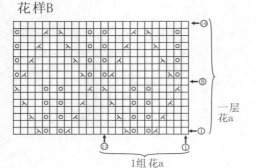

⑩
⑧
①
一层
花a
⑤　①
1组花a

右前片（10号棒针）

6cm（13针）
减19针 2-1-11 2-2-4　18cm（40行）
减10针 2-1-6
平收4针
20cm（42针）
加2针 12行平坦 10-1-2
花样B排列　14cm（32行）
18cm（40针）
18针
减5针 2行平坦 6-1-4 50-1-1
减5针 6行平坦 10-1-4 30-1-1　33cm（76行）
全下针
花样A
8cm（24行）
25cm（50针）

后片（10号棒针）

31cm（62针）
6cm（13针）　6cm（13针）
36针
减6针 2-1-2 2-2-2　平收24针　减6针 2-1-2 2-2-2　32行
减10针 2-1-6 平收4针　43cm（82针）　减10针 2-1-6 平收4针
加2针 12行平坦 10-1-2　加2针 12行平坦 10-1-2
花样B排列
40cm（78针）
减5针 2行平坦 6-1-4 50-1-1　减5针 2行平坦 6-1-4 50-1-1
减5针 6行平坦 10-1-4 30-1-1　减5针 6行平坦 10-1-4 30-1-1
全下针
花样A
49cm（98针）

73cm（172行）

制作说明

1. 棒针编织法，由前片2片、后片1片组成。从下往上织起。

2. 前片的编织。由右前片和左前片组成，以右前片为例。起针，双罗纹起针法，起50针，起织花样A，织24行的高度。袖窿以下的编织。第25行起，全织下针，并在左侧缝进行减针，30-1-1，10-1-4，减掉5针，再织6行，至腰间起织花样B；另一个减针位置，从织下针开始，织成50行时，选从衣襟算起18针的位置上进行减针，第50行减针，然后6-1-4，再织2行后，至腰间起织花样B，此时织片余下40针。改织花样B，并在侧缝上进行加针编织，10-1-2，不加减针再织12行，至袖窿。织成42针。袖窿以上的编织。左侧减针，收针4针，2-1-6。右侧进行领边减针，从右往左，2-2-4，2-1-11，织成30行，再织10行后至肩部，余下13针，收针断线。 相同的方法，相反的方向去编织左前片。

3. 后片的编织。双罗纹起针法，起98针，编织花样A，不加减针，织24行的高度。然后第25行起，全织下针，并在侧缝上进行减针编织，方法与前片侧缝减针相同，当织成50行下针时，也在中间选2个位置进行并针编织，50-1-1，6-1-4，再织2行，至腰间，织成76行，下一行起，改织花样B，并在两侧缝上进行加针编织，10-1-2，再织12行后，至袖窿，然后袖窿起减针，方法与前片相同。当织成袖窿算起32行时，下一行中间收针24针，两边减针，2-2-2，2-1-2，至肩部，余下13针，收针断线。

4. 拼接。将前片的侧缝与后片的侧缝对应缝合，将前后片的肩部对应缝合，再将两袖片的袖山边线与衣身的袖窿边对应缝合。

5. 领片的编织。沿着前后衣领边，挑出128针，起织花样A双罗纹针，不加减针，编织10行的高度后，收针断线。再进行衣襟编织，两边各挑122针，起织花样A，不加减针，编织10行后，收针断线。右衣襟制作5个扣眼，对应另一侧钉上5枚扣子。衣服完成。

粉色荷叶领针织衫

成品规格：衣长61cm，衣宽55cm，肩宽17cm，袖长52cm，袖宽26cm
工　　具：12号棒针
编织密度：花样A：31针×53行=10cm²
　　　　　花样B：38针×42行=10cm²，12针×14行=10cm²
材　　料：粉红色丝光棉线650g

符号说明	
⊟	上针
□ = □	下针
2-1-3	行-针-次
↑	编织方向
⊠	穿右针交叉
⊠	穿左针交叉

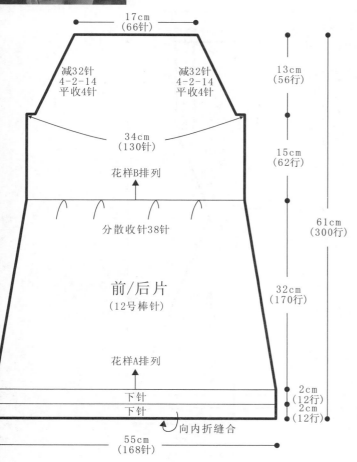

17cm（66针）
减32针 4-2-14 平收4针　　减32针 4-2-14 平收4针
13cm（56行）
34cm（130针）
15cm（62行）
花样B排列
分散收针38针
61cm（300行）
前/后片（12号棒针）
32cm（170行）
花样A排列
下针
下针　2cm（12行）／2cm（12行）
向内折缝合
55cm（168针）

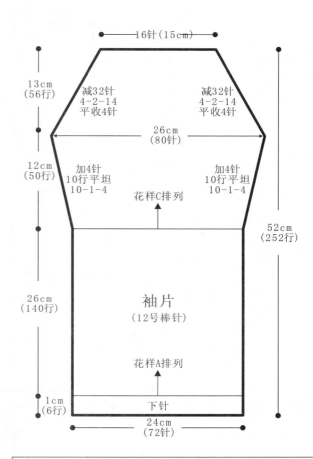

16针（15cm）
13cm（56行）
减32针 4-2-14 平收4针　　减32针 4-2-14 平收4针
26cm（80针）
12cm（50行）
加4针 10行平坦 10-1-4　　加4针 10行平坦 10-1-4
花样C排列
52cm（252行）
袖片（12号棒针）
26cm（140行）
花样A排列
下针
1cm（6行）
24cm（72针）

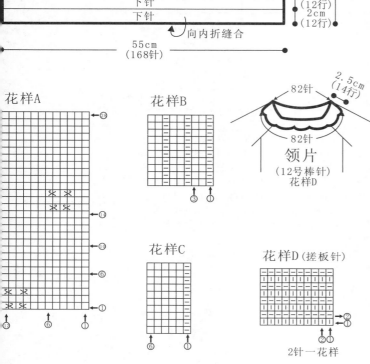

2.5cm（14行）
82针
82针
领片（12号棒针）花样D

花样A
花样B
花样C
花样D（搓板针）
2针一花样

制作说明

1. 棒针编织法，由前片1片、后片1片组成，从下往上织起。
2. 前片的编织。一片织成。起针，下针起针法，起168针，起织下针，织24行，将首尾两行对折缝合。下一行起，改织花样A，不加减针，织170行的高度。在第170行里，分散收针，收38针，然后编织花样B，织62行，至袖窿。袖窿起减针，两边收针4针，然后减针，4-2-14，当织成56行的高度时，余下66针，收针断线。
3. 后片的编织。后片织法与前片完全相同，不再重复说明。
4. 袖片的编织。下针起针法，起72针，织下针6行，然后改织花样A，不加减针，编织140行的高度，下一行起，改织花样C，并在两侧缝上进行加针，10-1-4，织成40行后，不加减针，再织10行后至袖窿，织成80针。下一行起袖山减针，两边收针4针，再减针，4-2-14，织成56行，余下16针，收针断线。
5. 拼接，将前片的侧缝与后片的侧缝对应缝合。将两袖片的袖山边与衣身的袖窿边对应缝合，再将袖侧缝进行缝合。
6. 最后沿着前后衣领边，挑出164针，编织花样D，织14行后，收针断线。衣服完成。

湖水蓝系带短袖衫

成品规格：衣长60cm，衣宽50cm，肩宽70cm
工　　具：12号棒针
编织密度：33针×38行=10cm²
材　　料：蓝色丝光棉线500g

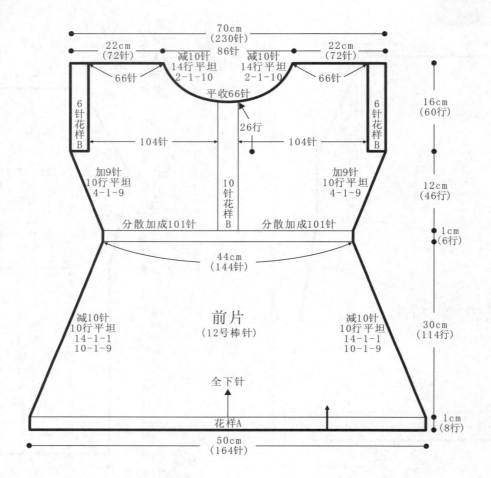

70cm
(230针)
22cm
(72针)
86针
减10针
14行平坦
2-1-10
减10针
14行平坦
2-1-10
22cm
(72针)
66针
平收66针
66针
26行
6针花样B
104针
104针
6针花样B
16cm
(60行)
加9针
10行平坦
4-1-9
10针花样B
加9针
10行平坦
4-1-9
12cm
(46行)
分散加成101针
分散加成101针
1cm
(6行)
44cm
(144针)
减10针
10行平坦
14-1-1
10-1-9
前片
(12号棒针)
减10针
10行平坦
14-1-1
10-1-9
30cm
(114行)
全下针
花样A
1cm
(8行)
50cm
(164针)

制作说明

1. 棒针编织法，由前片1片、后片1片组成，从下往上织起。
2. 前片的编织。一片织成。起针，下针起针法，起164针，起织花样A，织8行，下一行起，全织下针，并在两侧缝上进行减针编织，10-1-9，14-1-1，不加减针，再织10行后，至腰间余下144针，不加减针，织6行，然后再在内侧挑针编织出6行，再将两层并为一层，下一行分配花样，中间选10针编织花样B，两边余下的67针，分散加针加成101针，并在两侧缝上加针编织，4-1-9，不加减针再织10行后，至袖窿。此时两侧下针针数为104针，两边各取6针，编织花样B至肩部，余下的继续编织下针，当织成袖窿算起26行时，下一行中间收针66针，两边减针，2-1-10，不加减针再织14行后，至肩部，余下72针，收针断线。相同的方法编织另一边。
3. 后片的编织。后片的织法和结构与前片相同。但后衣领在织成袖窿算起44行时，才进行后衣领减针编织。中间收针74针，两边减针，2-2-2，2-1-2，不加减针，再织8行后，至肩部，余下72针，收针断线。
4. 拼接，将前片的侧缝与后片的侧缝和肩部对应缝合。
5. 领片的编织，挑出204针，起织花样B，不加减针，织4行。衣服完成。

204针

94针

1cm
(4行)

110针

领片
(12号棒针)
花样B

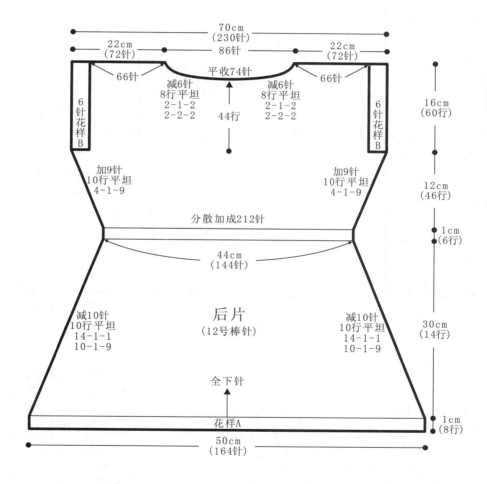

70cm
(230针)

22cm
(72针)

86针

22cm
(72针)

66针

平收74针

66针

减6针
8行平坦
2-1-2
2-2-2

减6针
8行平坦
2-1-2
2-2-2

44行

16cm
(60行)

6针花样B

6针花样B

加9针
10行平坦
4-1-9

加9针
10行平坦
4-1-9

12cm
(46行)

分散加成212针

1cm
(6行)

44cm
(144针)

减10针
10行平坦
14-1-1
10-1-9

后片
(12号棒针)

减10针
10行平坦
14-1-1
10-1-9

30cm
(14行)

全下针

1cm
(8行)

花样A

50cm
(164针)

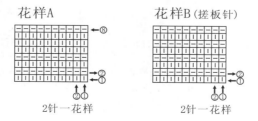

花样A

⑧

②
①

②①

2针一花样

花样B(搓板针)

②
①

②①

2针一花样

米色秀气开衫

成品规格：衣长77cm，半胸围42cm，袖长54cm
工　具：10号棒针
编织密度：22.5针×30.5行=10cm²
材　料：米色羊毛线300g

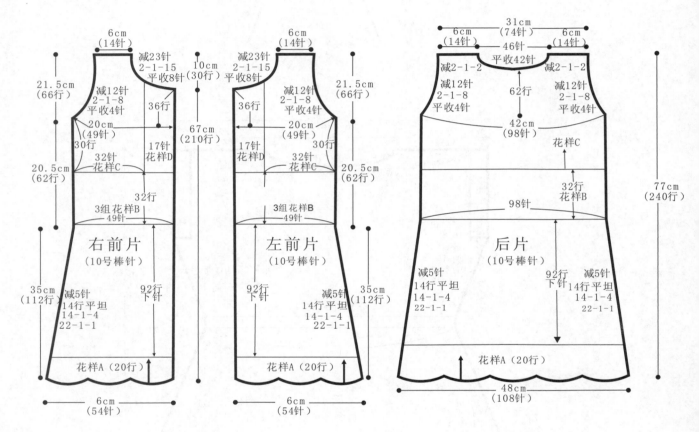

制作说明

1. 棒针编织法，由前片2片、后片1片、袖片2片组成。从下往上织起。

2. 前片的编织。由右前片和左前片组成，以右前片为例。起针，下针起针法，起54针，起织花样A，织20行的高度。第21行起，全织下针，并在左侧缝进行减针，22-1-1，14-1-4，减掉5针，再织14行，至腰间起织花样B；此时织片余下49针，编织3组花样B，不加减针，织32行。下一行分配花样，从右至左，17针编织花样D，余下的编织花样C，不加减针，编织30行的高度，至袖窿。袖窿以上的编织。左侧减针，收针4针，2-1-8。右侧织成36行的高度时，下一行进行领边减针，从右往左，收针8针，然后减针，2-1-15，织成30行，至肩部，余下14针，收针断线。相同的方法，相反的方向去编织左前片。

3. 后片的编织。下针起针法，起108针，编织花样A，不加减针，织20行的高度。然后第21行起，全织下针，并在侧缝上进行减针编织，方法与前片侧缝减针相同，织成92行后，改织花样B，不加减针，织32行，然后改织花样C，再织30行至袖窿，然后袖窿起减针，方法与前片相同。当织成袖窿算起62行时，下一行中间收针42针，两边减针，2-1-2，至肩部，余下14针，收针断线。

4. 袖片的编织。下针起针法，从袖口起织，起72针，起织花样A，不加减针，织20行的高度，下一行织4行花样E，下一行起，改织花样C，并在两袖侧缝上进行加减针编织，先是减针，8-1-4，不加减针再织44行后，进入加针编织，8-1-4，织成72针，下一行起进行袖山减针，两边收针4针，然后2-1-18，两边各减少22针。织成36行，余下28针，收针断线。相同的方法去编织另一只袖片。

5. 拼接，将前片的侧缝与后片的侧缝对应缝合，将前后片的肩部对应缝合，再将两袖片的袖山边与衣身的袖窿边对应缝合。最后沿着前后领边、衣襟边，挑针编织2行单罗纹针锁边。衣服完成。

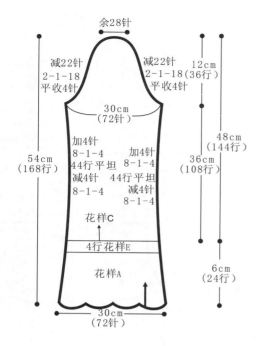

余28针

减22针
2-1-18
平收4针

减22针
2-1-18
平收4针

12cm
(36行)

30cm
(72针)

48cm
(144行)

加4针
8-1-4
44行平坦
减4针
8-1-4

加4针
8-1-4
44行平坦
减4针
8-1-4

36cm
(108行)

54cm
(168行)

花样C

4行花样E

花样A

6cm
(24行)

30cm
(72针)

花样A

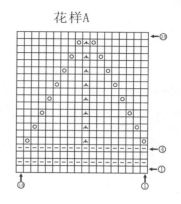

花样B

花样C

花样D

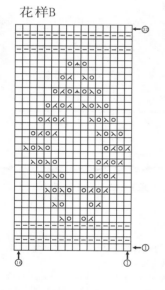

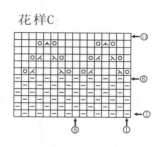

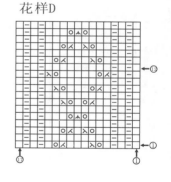

花样E(搓板针)

2针一花样

187

纯白长袖开衫

成品规格：衣长79cm，半胸围44cm，袖长58.5cm
工　　具：12号棒针
编织密度：40针×43.4行=10cm²
材　　料：白色羊毛线800，珍珠扣12枚

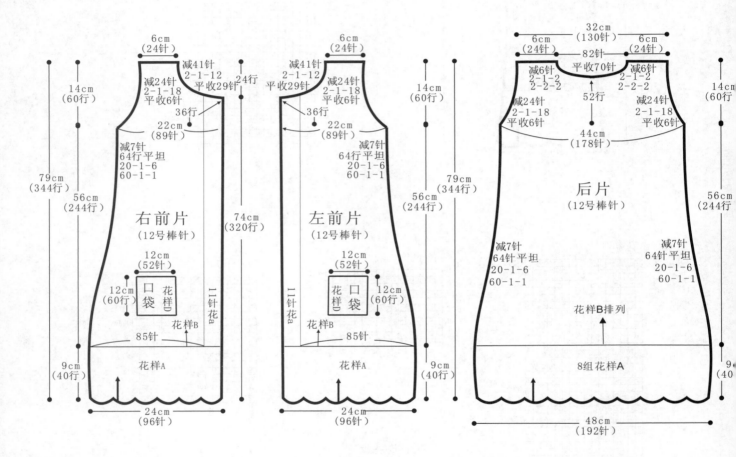

右前片（12号棒针）
左前片（12号棒针）
后片（12号棒针）

6cm（24针）　减41针 2-1-12　平收29针　24行
减24针 2-1-18　平收6针　36行
22cm（89针）
减7针 64行平坦 20-1-6 60-1-1
12cm（52针）
口袋　花样D
12cm（60行）
11针花a
花样B
85针
花样A
14cm（60行）　79cm（344行）　56cm（244行）　74cm（320行）　9cm（40行）
24cm（96针）

32cm（130针）　6cm（24针）　6cm（24针）
82针　平收70针
减6针 2-1-2 2-2-2　减6针 2-1-2 2-2-2
52行
减24针 2-1-18 平收6针
44cm（178针）
后片（12号棒针）
减7针 64针平坦 20-1-6 60-1-1
花样B排列
8组花样A
48cm（192针）

制作说明

1. 棒针编织法，由前片2片、后片1片、袖片2片组成。从下往上织起。

2. 前片的编织。由右前片和左前片组成，以右前片为例。起针，下针起针法，起96针，起织花样A，织40行的高度。第41行起，右侧算起11针，始终编织花样a至领边，余下的针数编织花样B，并在左侧缝进行减针，60-1-1，20-1-6，减掉7针，再织64行，至袖隆。袖隆以上的编织。左侧减针，收针6针，2-1-18。右侧减成36行的高度时，下一行进行领边减针，从右往左，收针29针，然后减针，2-1-12，织成24行，至肩部，余下24针，收针断线。相同的方法，相反的方向去编织左前片。

3. 后片的编织。下针起针法，起192针，编织花样A，不加减针，织40行的高度。然后第41行起，编织花样B，并在侧缝上进行减针编织，方法与前片侧缝减针相同，织成244行后，至袖隆，然后袖隆起减针，方法与前片相同。当织成袖隆算起52行时，下一行中间收

针70针，两边减针，2-2-2，2-1-2，至肩部，余下24针，收针断线。

4. 袖片的编织。下针起针法，从袖口起织，起120针，起织花样C，不加减针，织4行的高度，下一行织16行花a，下一行起，改织花样B，并在两袖侧缝上进行加减针编织，先是减针，10-1-3，然后加针编织，16-1-8，不加减针再织34行，织成130针，下一行起进行袖山减针，两边收针6针，然后2-2-23，两边各减少52针。织成46行，余下26针，收针断线。相同的方法去编织另一只袖片。

5. 拼接，将前片的侧缝与后片的侧缝对应缝合，将前后片的肩部对应缝合，再将两袖片的袖山边与衣身的袖隆边对应缝合。最后沿着前后领边，挑出192针，编织花样D，不加减针，编织60行的高度，完成后，收针断线。衣服完成。

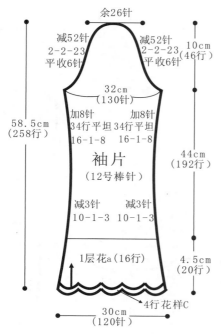

余26针
减52针 减52针
2-2-23 2-2-23
平收6针 平收6针
10cm
(46行)
32cm
(130针)
加8针 加8针
34行平坦 34行平坦
16-1-8 16-1-8
袖片
(12号棒针)
58.5cm
(258行)
44cm
(192行)
减3针 减3针
10-1-3 10-1-3
1层花a(16行)
4.5cm
(20行)
4行花样C
30cm
(120针)

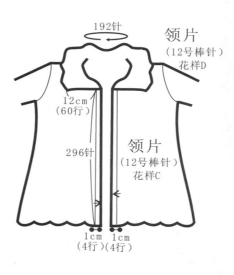

192针
领片
(12号棒针)
花样D
12cm
(60行)
296针
领片
(12号棒针)
花样C
1cm 1cm
(4行) (4行)

花样B

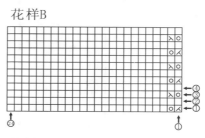

花样C(搓板针)

2针一花样

花样A

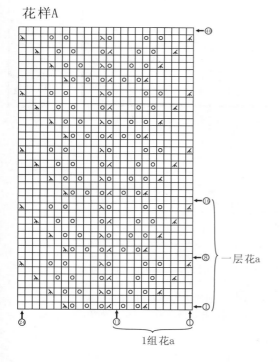

一层花a

1组花a

花样D

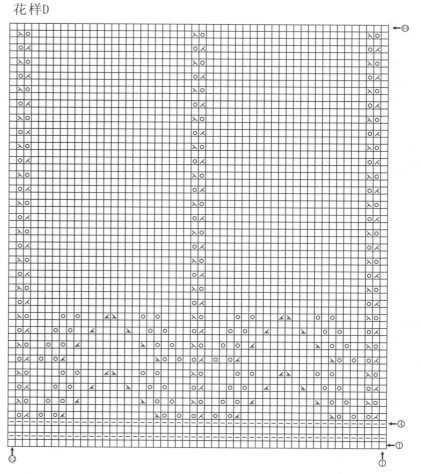

简约高领打底衫

成品规格：衣长68cm，衣宽42cm，肩宽36cm，袖长59cm，袖宽28cm
工　　具：12号棒针
编织密度：36针×42行=10cm²
材　　料：绿色羊毛线650g

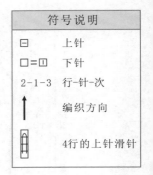

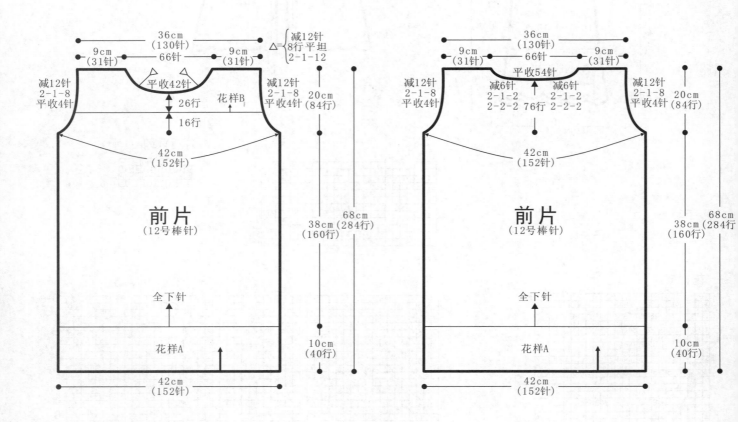

前片（左图）

36cm（130针）
9cm（31针）　66针　9cm（31针）
△={减12针，8行平坦，2-1-12
减12针 2-1-8 平收4针
平收42针
花样B
26行
16行
20cm（84行）
减12针 2-1-8 平收4针
42cm（152针）
前片（12号棒针）
全下针
68cm（284行）
38cm（160行）
花样A
10cm（40行）
42cm（152针）

前片（右图）

36cm（130针）
9cm（31针）　66针　9cm（31针）
平收54针
减6针 2-1-2 2-2-2　76行　减6针 2-1-2 2-2-2
减12针 2-1-8 平收4针
减12针 2-1-8 平收4针
20cm（84行）
42cm（152针）
前片（12号棒针）
全下针
68cm（284行）
38cm（160行）
花样A
10cm（40行）
42cm（152针）

制作说明

1. 棒针编织法，由前片1片、后片1片、袖片2片和领片组成，从下往上织起。

2. 前片的编织。一片织成。起针，双罗纹起针法，起152针，起织花样A，不加减针，织40行。下一行起，全织下针，不加减针，织160行，至袖隆。袖隆起减针，两侧同时收针4针，然后2-1-8，当织成袖隆算起16行时，改织花样B，织成42行后，进入前衣领减针，中间收针42针，两边相反方向减针，2-1-12，织成24行，再织18行后，至肩部，余下31针，收针断线。

3. 后片的编织。袖隆以下织法与前片完全相同，袖隆起减针，方法与前片相同。当袖隆以上织成76行时，下一行进行后衣领减针，中间收针54针，两边减针，2-2-2，2-1-2，至肩部余下31针，收针断线。后片全织下针，无花样B编织。

4. 拼接。将前片的侧缝与后片的侧缝和肩部对应缝合，再将两袖片的袖山边与衣身的袖隆边对应缝合。

5. 袖片的编织。双罗纹起针法，起80针，不加减针，织40行，下一行起，全织下针，并在袖侧缝上加针编织，12-1-10，不加减针，再织28行至袖隆。下一行袖山减针，两侧收针4针，然后2-1-29，织成58行的高度，余下34针，收针断线。相同的方法去编织另一边袖片。

6. 领片的编织。单独编织，起72针，起织花样B，不加减针，编织208行的长度后，与起织行进行缝合。再将一侧长边，与衣身的领边进行缝合。

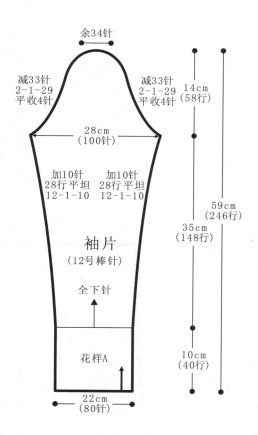

余34针

减33针
2-1-29
平收4针

减33针
2-1-29
平收4针

14cm
(58行)

28cm
(100针)

加10针
28行平坦
12-1-10

加10针
28行平坦
12-1-10

59cm
(246行)

袖片
(12号棒针)

35cm
(148行)

全下针

花样A

10cm
(40行)

22cm
(80针)

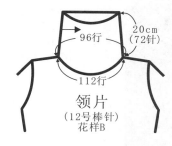

96行

20cm
(72针)

112行

领片
(12号棒针)
花样B

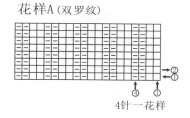

花样A（双罗纹）

②
①

④ ①

4针一花样

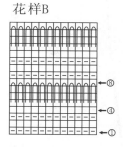

花样B

⑧

④

①

民族风吊带长裙

成品规格：衣长68cm，半胸围38cm
工　　具：12号棒针
编织密度：44针×53.8行=10cm²
材　　料：蓝色段染丝光棉线600g

符号说明	
⊟	上针
☐=Ⅰ	下针
2-1-3	行-针-次
↑	编织方向
⊠	左并针
⊠	右并针
⊡	镂空针
⊡	中上3针并1针

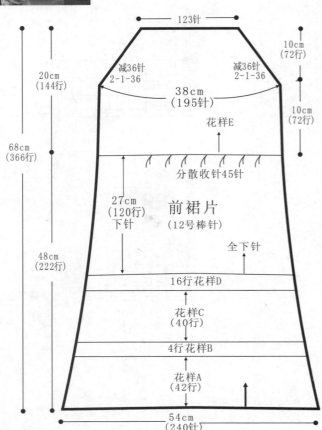

123针

减36针
2-1-36

减36针
2-1-36

38cm
(195针)

花样E

10cm
(72行)

10cm
(72行)

20cm
(144行)

68cm
(366行)

分散收针45针

27cm
(120行)
下针

前裙片
(12号棒针)

全下针

48cm
(222行)

16行花样D

花样C
(40行)

4行花样B

花样A
(42行)

54cm
(240针)

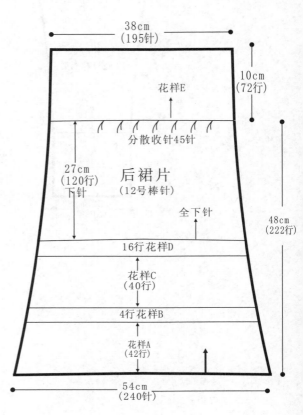

38cm
(195针)

花样E

10cm
(72行)

分散收针45针

27cm
(120行)
下针

后裙片
(12号棒针)

全下针

48cm
(222行)

16行花样D

花样C
(40行)

4行花样B

花样A
(42行)

54cm
(240针)

制作说明

1. 棒针编织法，从下往上织，一片编织而成。
2. 起织，从裙摆起织，起480针，首尾连接，环织。起织花样A，不加减针，编织42行的高度，改织花样B，共4行，然后改织花样C，不加减针，织成40行的高度，而后改织花样D，共16行，下一行起，全织下针，不加减针，织成120行的高度时，在最后一行里，分散收针，每织5针并1针，将针数减少90针，余下390针，改织花样E，分配花样E编织，不加减针，编织72行的高度。开始分片。取前片195针，继续编织。后片195针，收针断线。
3. 继续编织前片，两侧缝进行减针，每织2行减1针，减36次，织成72行的高度，余下123针，将所有的针数收针，断线。
4. 最后用2段绳子，系于前片上侧边两个角与后片两端位置。衣服完成。

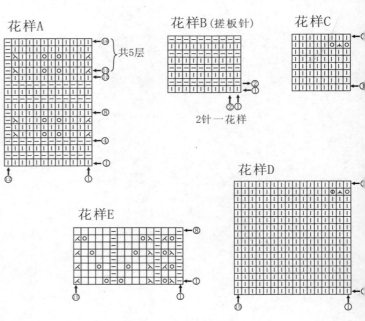

花样A

共5层

花样B（搓板针）

2针一花样

花样C

花样E

花样D